U0942572

二恶英类的控制政策及效果分析

耿　静　著

北　京
冶 金 工 业 出 版 社
2011

内容提要

本书从管理的角度研究了二恶英类控制政策，同时以重点行业为研究对象，对政策产生的影响进行了评价。主要内容包括详细分析了欧洲和日本二恶英类的管理经验和主要政策；分析了我国促进二恶英类削减的直接政策和间接政策；评价了直接政策对废物焚烧行业的影响；评价了节能减排政策对多个工业行业二恶英减排的影响；探讨了评价二恶英类减排技术方案应采用的方法；对焚烧发电企业二恶英类减排方案进行了技术、经济分析。

本书可供从事环境管理特别是持久性有机污染物管理的科研人员，大专院校相关专业的师生参考阅读。

图书在版编目(CIP)数据

二恶英类的控制政策及效果分析/耿静著.—北京：冶金工业出版社，2011.4

ISBN 978-7-5024-5517-0

Ⅰ.①二… Ⅱ.①耿… Ⅲ.①二恶英—有机污染物—污染防治 Ⅳ.①X7

中国版本图书馆 CIP 数据核字(2011)第 035984 号

出 版 人　曹胜利

地　　址　北京北河沿大街嵩祝院北巷 39 号，邮编 100009

电　　话　(010) 64027926　电子信箱　yjcbs@cnmip.com.cn

责任编辑　杨盈园　美术编辑　李　新　版式设计　孙跃红

责任校对　石　静　责任印制　牛晓波

ISBN 978-7-5024-5517-0

北京百善印刷厂印刷；冶金工业出版社发行；各地新华书店经销

2011 年 4 月第 1 版，2011 年 4 月第 1 次印刷

850mm×1168mm　1/32；6 印张；158 千字；180 页

23.00 元

冶金工业出版社发行部　电话：(010)64044283　传真：(010)64027893

冶金书店　地址：北京东四西大街 46 号(100010)　电话：(010)65289081(兼传真)

(本书如有印装质量问题，本社发行部负责退换)

前　言

持久性有机污染物在全球范围内广泛分布，由于其高毒性和持久性，对全球环境和人类健康构成了极大的潜在危害。为了淘汰和削减持久性有机污染物，我国2001年签署了《关于持久性有机污染物的斯德哥尔摩公约》，表明我国彻底消除持久性有机污染物、保护全球环境与人类健康方面的积极态度和坚定决心。几年来，国家相继采取了一系列有效的措施努力推动、履行签署的公约。

二恶英类污染物被列为首批需要削减和控制的持久性有机污染物。由于其来源广泛，排放受企业规模、技术、管理水平和污染物控制设施影响有较大的差异，因此，削减二恶英类污染物排放成为我国控制持久性有机污染物的难点和重点。

目前，我国对二恶英类的研究主要是从微观角度检测二恶英类排放、环境残留，分析其可能引起的风险，很少研究从宏观的视角剖析我国二恶英类的管理政策、评价政策的影响、分析政策执行中遇到的经济、管理等问题。针对以上研究状况，本书总结了发达国家二恶英类管理经验及主要政策，指出了发达国家二恶英类减排特点；系统地分析了我国促进二恶英类削减和控制的管理政策，包括直接政策和间接政策，并指出了政策的特点及局限；为分析二恶英类污染控制政策（直接政策）对行业的影响，以废弃物焚烧企业为研究对象，调查企业对二恶英类的认知、控制态度和控制措施，并和无政策约束的炼焦企业进行了对比分析；为分析促进二恶英类减排的间接政策如节能减排政策对行业的影响，以电力、水泥、钢铁、焦炭行业为研究对象，评价关闭落后产能政策对二恶英类排放削减的影响；为解决政策执行中所遇到的经济问题，如合理分配减排资源，分析英国和新西兰利用费用—效果法评价二恶英类减排方案的步骤；全面地对生活垃圾焚烧厂二恶英类控制方案——活性炭喷射方案和催化分解方案进行了技术经济评价；最后提出我国二恶英类管理的改进建议。

二恶英类污染物的控制在我国还处于起步阶段，对该类污染物、控制技术及相应政策的研究还有很长的路要走。本书作为这一阶段的初步研究成果，希望通过此书的出版能为政府有关部门领导和相关研究人员提供有益的参考。

本专著是作者在其博士论文的基础上修改而成的。该书的主要工作均是在中国科学院生态环境研究中心读博期间完成。研究内容受到“十一五”国家科技支撑计划重点项目“POPs 污染控制协同技术及技术标准规范研究”的支持，在此深表感谢。由于作者水平有限，加之研究时间紧迫，书中存有不足之处，恳请广大读者给予批评指正，提出宝贵的意见和建议，以便在今后的研究中加以深入、改正。

作 者

2010 年 11 月

目　录

1 二恶英类概述

＊＊＊＊＊＊＊＊＊＊＊＊＊＊＊＊＊＊＊＊＊＊＊＊＊＊＊＊＊

1.1 二恶英类的性质

二恶英类是多氯二苯并二恶英（polychlorinated dibenzo-*p*-dioxins，简称 PCDDs）和多氯二苯并呋喃（polychlorinated dibenzofurans，简称 PCDFs）的总称，通常以 PCDD/Fs 表示。PCDD/Fs 是由 2 个或 1 个氧原子联结一对被 2 个或多个氯原子取代的苯环组成的类化合物，化学结构如图 1-1 所示。每个苯环可以取代 1 ~4 个氯原子，由于氯原子的取代数目和位置不同，构成了 75 种 PCDD 和 135 种 PCDF。

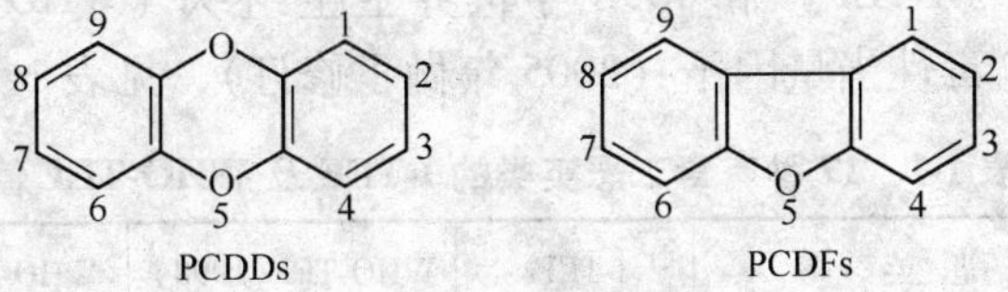

PCDDs　　PCDFs

图 1-1　二恶英类的分子结构

二恶英类在常温常压下为无色固体，其熔点较高，熔点随氯代数增多而增加；其水溶性很低，水溶性随氯代数增加而减少；蒸气压极低，换言之即挥发性极小。此外 PCDD/Fs 还具有耐酸性、高亲脂性、抗化学腐蚀、热稳定性高等特性，是非常稳定的化合物。由于其具有高亲脂性，容易在生物体内积累。且对粒状物具有高亲和力，不论在空气、土壤或水体中均会快速地与粒状物结合，一旦造成污染，极不容易清除。是一种典型的持久性有机污染物（POPs）。

1.2　二恶英类的毒性及危害

二恶英类异构体的毒性与所含氯原子的数量及氯原子在苯环上取代的位置有很大的关联。含有1~3个氯原子的二恶英无明显毒性；含有4~8个氯原子并且在2,3,7,8-位置上有氯原子取代的二恶英类物质才有毒，共有17种异构体。其中以2,3,7,8-TCDD毒性最强。

由于环境中二恶英类物质以混合物的形式存在，为了对二恶英类的毒性进行量化评价，提出以毒性当量（Toxic Equivalent Quantity，简称TEQ）来表示二恶英类的毒性排放量，并引入毒性当量因子（Toxic Equivalency Factor，简称TEF）来折算。即将毒性最强的2,3,7,8-TCDD的TEF值取为1，其他异构体在与2,3,7,8-TCDD相比后，分别得出不等的TEF值，TEQ为分析测定的每种二恶英类的质量浓度与其TEQ的乘积之和。目前常用的TEF是1988年北大西洋公约组织（NATO）提出的国际毒性当量因子（I-TEF）和1998年世界卫生组织（WHO）提出的WHO-TET毒性当量因子（2005年做了修订），见表1-1。

表1-1　17种有毒二恶英类的I-TEF及WHO-TEF值

二 恶 英	I-TEFs	WHO-TEF(1998)	WHO-TEF(2005)
PCDD			
2,3,7,8-TCDD	1	1	1
1,2,3,7,8-PeCDD	0.5	1	1
1,2,3,4,7,8-HxCDD	0.1	0.1	0.1
1,2,3,6,7,8-HxCDD	0.1	0.1	0.1
1,2,3,7,8,9-HxCDD	0.1	0.1	0.1
1,2,3,4,6,7,8-HpCDD	0.01	0.01	0.1
1,2,3,4,6,7,8,9-OCDD	0.001	0.0001	0.0003

续表 1-1

二 恶 英	I-TEFs	WHO-TEF(1998)	WHO-TEF(2005)
PCDF			
2,3,7,8-TCDF	0.1	0.1	0.1
1,2,3,7,8-PeCDF	0.05	0.05	0.03
2,3,4,7,8-PeCDF	0.5	0.5	0.3
1,2,3,4,7,8-HxCDF	0.1	0.1	0.1
1,2,3,6,7,8-HxCDF	0.1	0.1	0.1
1,2,3,7,8,9-HxCDF	0.1	0.1	0.1
2,3,4,6,7,8-HxCDF	0.1	0.1	0.1
1,2,3,4,6,7,8-HpCDF	0.01	0.01	0.01
1,2,3,4,7,8,9-HpCDF	0.01	0.01	0.01
1,2,3,4,6,7,8,9-OCDF	0.0001	0.001	0.0003

美国环保署（USEPA）于 1994 年所发表的二恶英类风险报告中指出二恶英类对大众健康会产生重大影响。1997 年 2,3,7,8-TCDD更被国际癌症研究局（IARC）归为一级致癌物质。

在急性效应下，2,3,7,8-TCDD 对雄天竺鼠的半致死剂量为0.6～1.1μg/kg，是迄今为止发现过的最具致癌潜力的物质。从职业暴露和工业事故受害者身上已得数据表明，氯痤疮与肝功能异常是人体短期大量暴露 TCDD 下的特异征兆。长期暴露下可能引起肝毒性、导致癌症、流产、生产缺陷等生殖危害，并伤害神经、内分泌、免疫系统等；或引起成人代谢激素的改变，使糖尿病及心脑血管疾病发生率增加。目前，多个组织研究一致认为，就目前人类二恶英类暴露实际背景值状况而言，非致癌毒性作用比致癌毒性作用对人体健康危害的风险更大。世界卫生组织将日允许摄入量定为 1～4pg TEQ/kg（体重）。

1.3 二恶英类的生成机理

当碳、氧、氢和氯处于 200 ~ 650℃ 温度区间的燃烧过程会生成二恶英。然而其生成机理是相当复杂的，迄今还没有完全了解，目前普遍接受的燃烧过程形成二恶英的机理有以下三种：

（1）燃烧进料中含有的痕量二恶英在燃烧中未被破坏，存在于燃烧后的烟气中。对于大多可控燃烧系统来说，这个途径不是形成二恶英的主要方式。对于二恶英类的生成贡献远小于以下机理。

（2）不完全燃烧产生了一些与二恶英结构相似的环状前驱物（氯苯或氯酚等），这些前驱物通过分子的解构或重组生成了二恶英，即所谓的气相（均相）反应生成二恶英。

（3）固体飞灰表面发生异相催化反应合成二恶英，即飞灰中残碳、氧、氢、氯等在飞灰表面催化合成中间产物或二恶英，就是所谓的从头合成反应（de novo 生成机理），或气相中的二恶英前驱物在飞灰表面催化生成二恶英。

在燃烧系统中关于气相反应生成二恶英占主导还是固体表面的异相催化合成二恶英占主导还存在不断的争论。尽管一些研究表明五氯酚生成二恶英的速率要比碳源在 250 ~ 350℃ 通过从头合成途径快 100 ~ 100000 倍，但是一些研究表明：在燃烧相关的工艺过程中，de novo 反应是二恶英生成的主要途径。陆胜勇总结了关于二恶英生成机理和模型的研究，从已有的研究来看，当燃烧条件恶劣时，烟气中形成大量的二恶英类前驱物，此时烟气中二恶英类的生成主要通过气相反应生成；而当燃烧条件较好情况下，在飞灰表面发生的异相催化合成反应生成的二恶英类占主导地位。图 1-2 ~ 图 1-4 是文献中建议的大分子有机物质或多环芳烃（PAHs）生成 PCDD/Fs 的可能途径，这些机理为识别二恶英类的潜在源具有重要的参考意义。

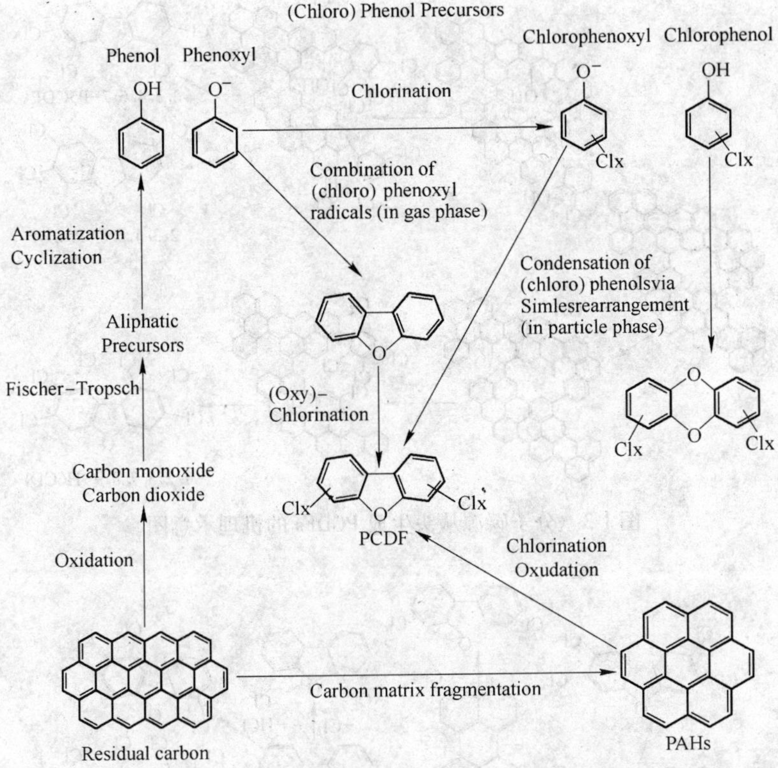

图 1-2　Tuppurainen 等人建议的 PCDD/Fs 的可能生成过程

1.4　二恶英类的几种典型排放源

自从 20 世纪 70 年代后期荷兰和瑞士的科研工作者在城市生活垃圾焚烧炉排放的飞灰和烟道气中检测出二恶英类物质，随后的时间，许多的研究工作揭示了其来源。《关于持久性有机污染物（POPs）的斯德哥尔摩公约》（简称《斯德哥尔摩公约》）附件 C 中列出了典型的二恶英类排放源，其中有相对较高排放的第Ⅱ部分包括了 4 类源，第Ⅲ部分列出了 13 类源（见表 1-2）。

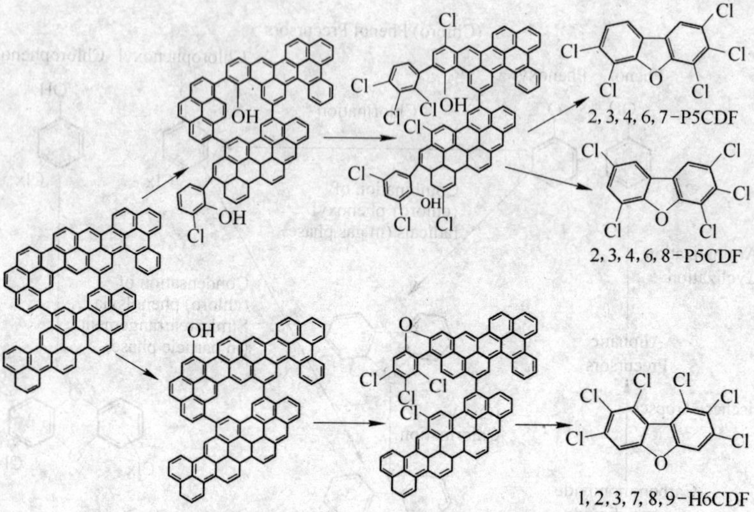

2, 3, 4, 6, 7-P5CDF

2, 3, 4, 6, 8-P5CDF

1, 2, 3, 7, 8, 9-H6CDF

图 1-3 分子碳源从头生成 PCDFs 的机理示意图

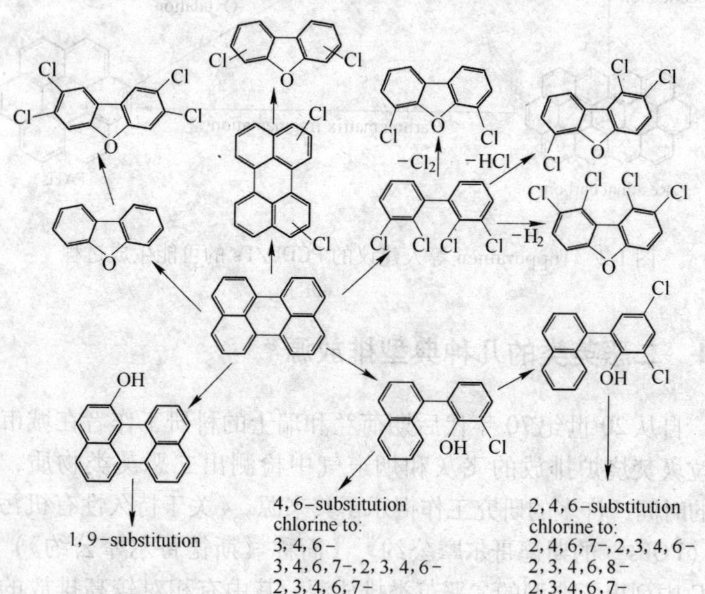

图 1-4 PAHs 生成 PCDFs 的过程示意图

2005年联合国环境规划署（UNEP）旨在为协助《斯德哥尔摩公约》缔约方识别二恶英类的排放并对排放进行一致的量化，发布了《二恶英和呋喃排放识别和量化标准工具包2版》（简称UNEP《工具包》），将二恶英的排放源划分为10类62个子类。总体归纳起来，其来源可划分为3大类，包括化学工业源、燃烧及工业热源和历史储存（Dioxin reservoirs）。

表1-2　《斯德哥尔摩公约》附件C中列出了典型的二恶英类排放源

具有相对较高产生和排放潜力的4类源	其他产生排放的13类源
1. 废物焚烧炉，包括城市生活垃圾、危险废物、医疗废物或污泥的多用途焚烧炉； 2. 燃烧危险废物的水泥窑； 3. 以元素氯或可生成元素氯的化学品作为漂白剂的纸浆生产； 4. 冶金工业中的下列热处理过程： （1）铜的再生生产； （2）钢铁工业的烧结工厂； （3）铝的再生生产； （4）锌的再生生产	1. 废物露天焚烧，包括填埋场地的焚化； 2. 部分中未提及的冶金工业中的其他热处理过程； 3. 居民燃烧源； 4. 使用化石燃料的电力和工业锅炉； 5. 使用木材和其他生物燃料的燃烧装置； 6. 无意产生和排放持久性有机污染物的特殊化学品生产过程，尤其是氯酚和氯醌的生产； 7. 焚尸炉； 8. 机动车辆，特别是使用含铅汽油的车辆； 9. 动物遗骸的销毁； 10. 纺织品和皮革染色（使用氯醌）和修整（碱萃取）； 11. 处理报废车辆的破碎作业工厂； 12. 铜制电缆线的低温焖烧； 13. 废油提炼厂

1.4.1　化学工业源

在化工生产活动中，如五氯酚（Pentachlorophenol，简称PCP）、氯代苯氧酸型除草剂（2,4,5-trichlorophenoxy acetic acid）、多氯联苯（Polychlorinatedbiphenyls，简称PCBs）等氯系化学物质生产中，能够生成二恶英类副产品。另外含氯漂白剂的纸浆造纸过程也可能生成了二恶英类物质。在含氯化学物质的生产过程中，二恶英类的生成倾向性如下：氯酚 > 氯苯 > 脂肪族氯化物 > 无机氯化物。在碳、氢、氧和氯必需元素存在下，通常认为以下一种或多种条件利于二恶英类在该类源的生成：（1）温度升高（大于150℃）；（2）碱性条件；（3）紫外线辐射或其他辐射源的存在。表1-3中列出了不同的化工产品中二恶英类物质的含量。

表1-3　化工产品中二恶英类的浓度

化学物质	浓度/μg I-TEQ · kg^{-1}
PCP	小于2320
PCP-Na	小于450
PCB-Clophen A 30	11
PCB-Clophen A 60	2179
2,4,6-Trichlorophenol	680
Trichlorobenzene	0.023
p-Chloranil（旧）	376
o-Chloranil（旧）	63
Hostaperm Violet RL	1.2
Violet 23	19
Blue 106	56

尽管许多国家目前已经禁止或严格限制这些化工产品的生产和使用，但20世纪60～70年代这些化学物品的广泛使用，成为了二恶英类污染的主要来源。

1.4.2　燃烧及工业热源

燃烧及工业热源是目前二恶英类产生的最大输入源，并以尾气和残渣的形式输出。表1-4对该类源进行了细分。从表中描述部分可以看出，固定排放源均来自可控燃烧过程，其燃烧反应在密封设备中进行，可以通过控制燃烧温度及反应时间使燃烧完全发生而削减二恶英的排放。分散排放源一般为不可控燃烧过程排放，二恶英类物质排放的不确定性较大，其分散和不确定的特点使得控制难度增加。

表 1-4 燃烧及工业热过程的二恶英排放源

排放源	描 述
固定排放源（Stationary sources）	
废物焚烧	包括生活垃圾焚烧、医疗废物焚烧、危险废物焚烧、水处理污泥焚烧
钢铁行业	主要产生于铁矿石烧结过程、电弧炉炼钢，高炉炼铁、焦炭生产过程也会产生少量二恶英
有色冶金行业	主要产生于再生金属如铜、铝、铅、锌的生产、拆解、熔炼和焚烧过程，原生矿石的冶炼中也产生少量二恶英
发电和供热行业	化石燃烧电厂、燃用木材的发电锅炉、填埋气燃气锅炉
分散排放源（Diffuse sources）	
交 通	使用汽油、柴油、液化石油气的机动车
家用取暖和烹调	使用煤炭、油、天然气、木材为燃料的家庭取暖和烹调的炉子
露天焚烧及事故	主要包括废弃物的露天焚烧，如秸秆；事故多来自火灾，如 PCB 变压器火灾、建筑物火灾、森林火灾和火山爆发

1.4.3 历史储存

这类源指的不是新产生的，而是已经富积在环境或产品中的二恶英类储存物，值得关注的原因是因为这类源有重新传输到环境中的可能。产品中的储存来源有 PCP 处理过的木材、含有 PCB 的变压器、污水厂的污泥等。环境中的储存来自填埋堆、废料堆、被污染的土壤和沉积物中。这类源较难统计其存在量。Lau 等人曾对德国汉堡市储存的二恶英类物质进行了估算，汉堡市 1992 年存在于土壤、沉积物、河流、大气和蔬菜中的二恶英类储存量为6322g I-TEQ。

1.5 全球二恶英类排放现状

20 世纪 80 年代，一些发达国家包括加拿大、德国、瑞典和美国开始尝试对本国二恶英类排放进行估算。

90 年代中期以后,根据 LRTAP 公约框架下的《奥尔胡斯协议》的要求,来自欧洲的缔约国开始建立二恶英类排放清单。1999 年,UNEP 化学处发布了《国家和地区二恶英类排放清单》(Dioxin and Furan Inventories-National and Regional Emissions of PCDD/PCDF),对 15 个国家二恶英类排放进行了编制（见图 1-5）。

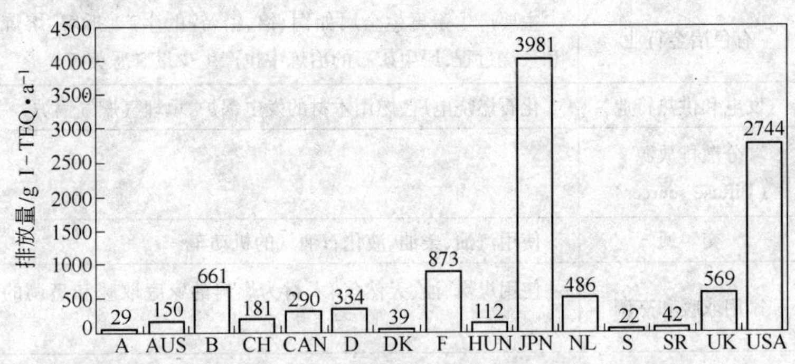

图 1-5 20 世纪 90 年代 15 个国家二恶英类排放

（来源：UNEP Chemicals，1999）

2000 年以前，仅有不到 20 个国家编制了国家排放清单。由于当时清单数量较少，还不具备条件采用此方法对全球二恶英类排放进行估算。但是此后，在 UNEP 发布的《工具包》的推动下，目前全世界已有近 100 个国家建立了国家排放清单，为全球二恶英类排放估算创造了条件。

任志远对 97 个建立了排放清单的国家数据进行统计汇总，并计算得到这些国家排放量相对于所有国家排放量之和的累计百分比（见图 1-6）。统计数据显示，97 个国家的总排放量为 69kg TEQ/a。其中，排放最大的 4 个国家对排放量之和的贡献达到了 33%，排放最大的 9 个国家对排放量之和的贡献超过了 50%；同时，排放量较小的 70 个国家对排放量之和的贡献仅占 17%，排放量较小的 83 个国家对排放量之和的贡献才达到 34%。该研究将 97 个国家的排放清单按照 9 个主要排放源和 5 种不同排放介质进行汇总加和，结果见表 1-5。从排放类别来看，非受控燃烧过程是主要的排放源，占总排放量的 56.1%，其总量达到 38848g TEQ/a。其次，废弃物燃烧、钢铁和其他金属生产以及发电和供热这三类工业排放源是受控燃烧源的主要贡献来源，这三类排放总和达到总排放量的 31.6%，总量达到 21902g TEQ/a。在 9 类主要排放源中，来自交通源和其他来源的排放量相对较低。从排放介质来说，空气占总排放量的 51.2%，总量达 30423g TEQ/a；其次向残余物和土壤中的排放量也较高，占总排放量的 34.0% 和 10.1%；向水中和通过产品的排放量是最低的，占排放总量的 1.9% 和 2.8%。

表 1-5 全球二恶英类排放量汇总矩阵

编号	排放源及类别	97 个国家二恶英年排放量汇总/g(TEQ)					
		空气	水	土	产品	残余物	总量
1	废弃物焚烧	3049	1	26	2	1661	6442
2	钢铁和其他金属生产	3819	14	55	0	3794	8559
3	发电和供热	5329	2	45	9	1023	6901
4	矿物产品生产	971	0	1	43	22	1307
5	交通	436	0	0	25	0	503
6	非受控燃烧过程	15979	0	5684	208	10182	38848
7	生产和使用化学品及消费品	37	50	104	776	1017	2020
8	其他来源	217	1	1	1	68	294
9	废弃物处置和填埋	127	513	64	605	928	4017
总计		30423	1137	6006	1694	20197	69281

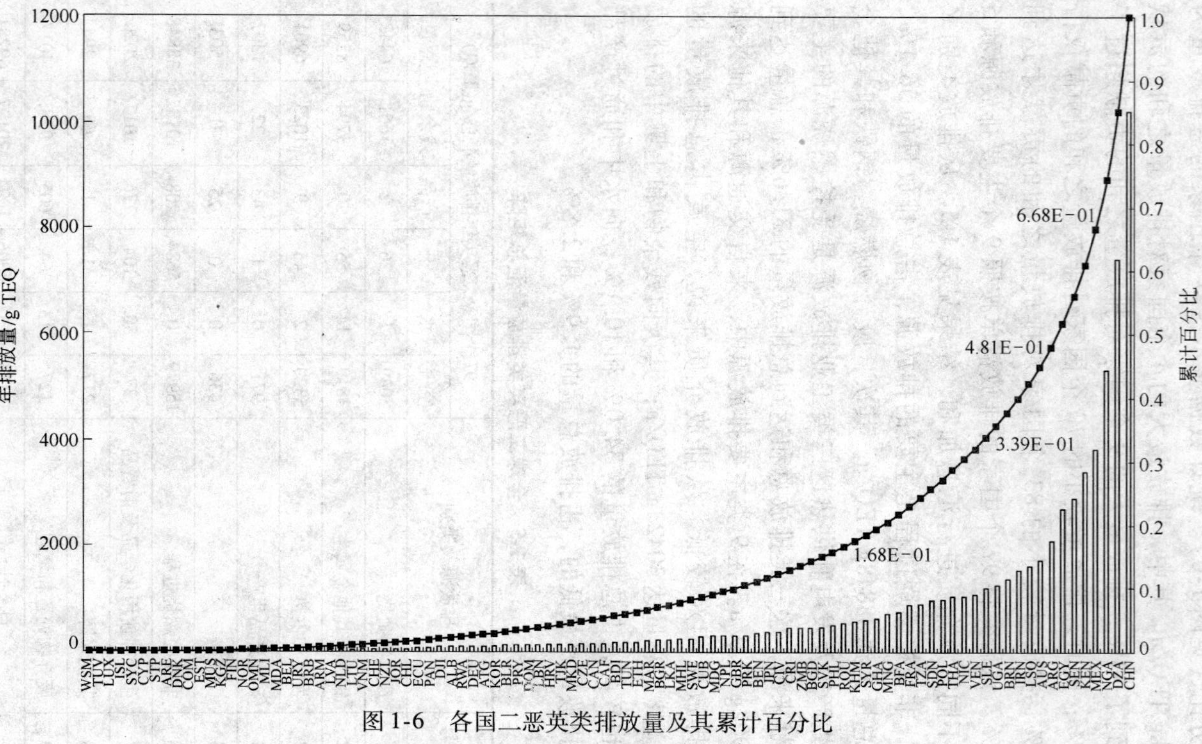

图 1-6 各国二恶英类排放量及其累计百分比

注：缩略词对应的国家或地区名称见附件 1

1.6　二恶英类控制的主要技术

《二恶英类 POPs 减排 BAT/BEP 技术导则》对不同排放源二恶英类控制技术进行了详细的介绍。从二恶英的形成机理来看，控制燃烧及工业热源二恶英类的排放主要分为 3 个阶段，一是对于燃烧物料的控制；二是燃烧过程的控制；三是对燃烧产生的烟气和残余物的控制。

1.6.1　燃烧物料的控制

减少物料中氯的输入可降低二恶英的排放。在大量的实验和小规模的燃烧系统中已经发现随着物料中氯的降低，二恶英的形成量也在减少。大规模的燃烧系统中已证明了上述现象的存在，虽然有些没有表现出完全的相关性。但在燃烧系统中通过减少氯的输入而降低二恶英排放的政策已经被很多政府、专业协会和国际公约接受，而且被认为是有效的低成本方法。

1.6.2　燃烧过程的控制

控制较好的燃烧系统对二恶英的破坏十分显著。为了达到完全燃烧，破坏二恶英的形成，需要从燃烧温度、停留时间、紊流度和氧气量方面进行控制。一般认为温度达到 850℃以上，燃烧区气体的停留时间达到 2s，物料中存在的所有二恶英类物质均能破坏。但为了更有效地对一些特殊碳材料的完全燃烧，温度需达到 1000℃，停留时间需要 1s，雷诺数被建议大于 10000，富氧水平建议在 3% ~6%。此外，燃烧过程中还可以通过添加抑制剂来减少二恶英的生成，如钢铁烧结中可以通过添加尿素在烧结原料中来抑制二恶英类的生成。

1.6.3　烟气控制

减少二恶英类的排放可采取以下烟气净化系统流程：

（1）后续燃烧器；

（2）急冷装置；

（3）除尘装置；

（4）洗涤除酸工艺；

（5）吸附工艺；

（6）催化氧化。

后燃烧器可以安置在燃烧室中也可以从中分离，燃烧系统中后燃室提供过量燃烧空气，温度一半保持在 850～1050℃，以便消除尾气中未燃烧或部分燃烧的碳化合物，同时控制氮氧化合物的生成。

二恶英形成的温度在 250～450℃之间，为缩短烟气在这个温度段的停留时间，通过迅速降低烟气至 200℃以下，可以降低二恶英的生成量。较为合理的冷却方式是通过余热锅炉使烟气温度降至 600℃左右，然后采用急冷装置使温度在短时间内降到低于二恶英再合成的温度区间。

除尘装置如旋风除尘器、静电除尘器和袋式除尘器在收集尘粒的同时，可以去除附着在粒子上的二恶英类物质。静电除尘器入口处温度升至 200～450℃之间时，就可以二次合成二恶英类物质，因此，电除尘器选择烟气温度低于 230℃下运行的低温电除尘器或是用布袋装置作为替换。袋式除尘器在去除粉尘和吸附二恶英时效率较高。

洗涤除酸工艺常用设备有喷雾干燥吸收塔和湿式洗涤器。喷雾干燥吸收塔主要是去除烟气中的酸性气体成分和颗粒物，就其本身而言，对二恶英没有直接消除作用。当热的燃烧气体进入反应装置时，雾化的泥浆状消石灰在一定控制速度下注入，并和高温烟气混合。反应中消石灰浆中的水分迅速蒸发，烟气温度快速下降，中和反应使烟气中的酸性气体物质（如 HCl 和 SO_2）减少 70%～90%。由于可降低入口处温度，有助于减少二恶英类的产生。湿式洗涤器证明有很好的去除酸性气体和粉尘的作用，在去除上述两类物质的同时，二恶英附着在颗粒物上被去除，也包括可能被填料塔式洗涤器中的填料吸附而去除。

但也有多个研究显示，通过湿式洗涤器二恶英有明显增加的现象，而且大多是在其前端设有其他高效除尘装置的情况。原因一是由于湿式洗涤器仅有有效去除大颗粒物的能力，如果进入洗涤器前二恶英随颗粒物被高效除尘器（布袋或电除尘器）有效去除，那么湿式洗涤器几乎没有去除颗粒物和吸附在它上面的二恶英的能力。其次的原因是高温下填料塔中填料的热解吸现象，也能导致二恶英的增加。因此在使用此装置时常注入活性炭来提高去除二恶英的能力。

吸附工艺主要是利用活性炭吸附二恶英类物质。活性炭吸附技术类型包括活性炭直接注入式，固定床或移动床活性炭反应器。运用最少费用取得二恶英削减的方式即在除尘器前注入活性炭，通常活性炭可以在喷雾干燥吸收过程中喷入。固定床式吸附是烟气通过活性炭组成的固定床，操作一段时间将整个达到饱和的活性炭移出。移动床式吸附中活性炭由移动床上方进入，经吸附饱和的活性炭持续或间隔一段时间移出，利用该技术，能使 SO_x、HCl、HF、Hg、重金属物质和二恶英类物质均达到合法的排放水平。

选择性催化氧化脱氮装置能起到破坏二恶英类物质的作用。在催化剂作用下发生如下反应：

$$C_{12}H_4Cl_4O_2 + 11O_2 \xrightarrow{+O_2\ \text{催化剂}} 12CO_2 + 4HCl$$

由于反应的发生，该过程不会产生含有二恶英物质的残渣。二恶英的去除效果依赖于反应中催化剂的量、反应温度和烟气通过催化剂的空速。城市垃圾焚烧厂研究发现在选择 $V_2O_5/TiO_2/WO_3$ 做催化剂、220℃反应温度、空速为 $2600h^{-1}$ 多层催化反应系统后，二恶英的量（标态）由 14.1ng-TEQ/m^3 减少到 0.728ng-TEQ/m^3，降低达95%。

烟气处理系统要综合考虑多种污染物质的去除，如颗粒物、重金属、酸性气体和有机污染物。因此要根据不同行业的排放标准结合多种大气污染物控制设施组合该系统。

1.7　控制二恶英类的国际和地区协议

二恶英类物质由于其毒性大，又具有远距离迁移的特性，其危害与影响已引起全球的关注，相关国际机构和地区机构联合采取行动，控制与消除二恶英类的污染。

国际范围内控制二恶英类的公约有《斯德哥尔摩公约》和《控制危险废物越境转移及其处置巴塞尔公约》（简称《巴塞尔公约》）。在区域层面，也有相应的二恶英类控制协议，制定较有影响的是欧洲和北美地区的二恶英类协议。

1.7.1　国际公约

1.7.1.1　《斯德哥尔摩公约》

2001年5月23日，包括中国在内的90多个国家和地区一体化组织在瑞典斯德哥尔摩签署了旨在减少、消除和预防POPs污染，保护人类健康和环境的《斯德哥尔摩公约》，从而起动了全球携手控制POPs的进程。该公约的签署是由UNEP主导推进，国际化学品安全规划署（International Programme on Chemical Safety，简称IPCS）、政府间化学品安全论坛（Intergovernmental Forum on Chemical Safety，简称IFCS）、组织间化学品妥善管理规划（Inter Organization Programme for the Sound Management of Chemicals，简称IOMC）、化学品协会国际委员会（International Committee of Chemical Association，简称ICCA）等多个国际组织共同参与评估的基础上得以制定和执行的。

公约将PCDDs和PCDFs列入了首批受控的12种POPs名单。PCDDs、PCDFs和六氯苯（Hexachlorobenzene，简称HCBs）、PCBs被作为无意产生类POPs列入附件C中（注：HCBs和PCBs即可有意生产，也可在热过程中无意产生）。对于无意生产类POPs，公约第5条规定了减少和消除其排放的措施（见图1-7），对各成员国提出制定行动计划的要求，并提出以重点实施最佳可行技术/最佳环保实践（BAT/BEP）为主的减排措施，建议通过使用排放限值或运行标准履行其在最佳可行技术方面所做出的承诺。此外，公约第 7 条要求缔约方自公约对其生效之日起，两年内将其实施计划送交缔约方大会，包括针对二恶英类的行动计划。针对含有二恶英类的废弃物，公约第 6 条规定了减少和消除的措施。公约第 9、10、11 条还分别从（1）信息交流；（2）公共宣传、认识和教育；（3）研究、开发和监测几个方面提出了减少或消除 POPs 的要求。为了帮助各成员国采用 BAT/BEP 实现二恶英类的控制，UNEP 于 2001 年组织国际专家，经过反复论证，编制完成了《二恶英类 POPs 减排 BAT/BEP 技术导则》（Guidelines on best available techniques and

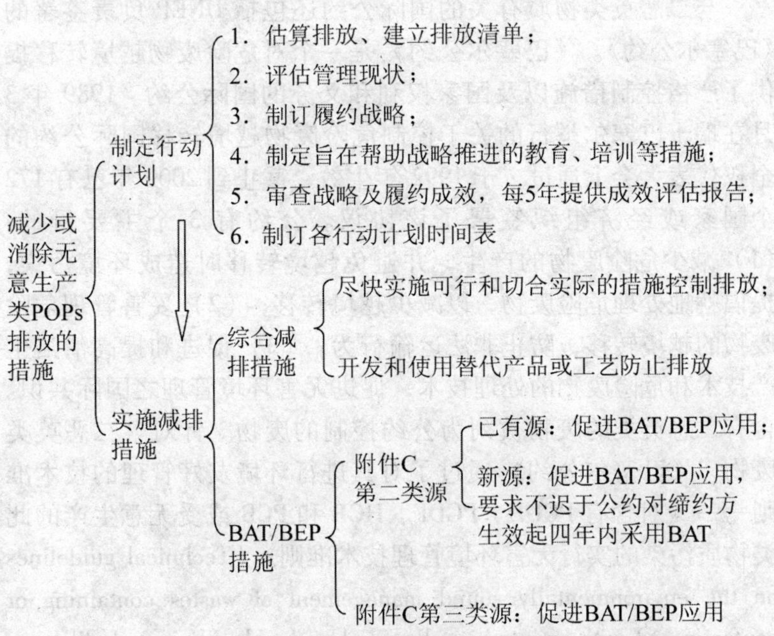

图 1-7　公约减少和消除无意生产类 POPs 排放的措施

注：附件 C 第二类源包括 4 大类二恶英类排放源，存在较高的形成和排放二恶英类的可能。

附件 C 第三类源包括 13 大类二恶英类排放源，和第二类源相比排放风险较低。

provisional guidance on best environmental practices revevant to Article 5 and Annex C)，并在 2007 年 5 月召开的 POPs 公约第三次缔约方大会上获得了通过。

《斯德哥尔摩公约》不仅要求缔约方从战略的角度出发制定削减二恶英类的行动计划，而且提出在战术层次制定以 BAT/BEP 为主的减排策略，在作业层又为不同的排放源提供了相应的技术控制措施，此外要求辅以教育、研发、监测、信息公开、评估等手段保障减排的持续进行，是指导和控制二恶英类排放最有影响力的国际公约。

1.7.1.2　《巴塞尔公约》

与二恶英类物质有关的国际公约还包括 UNEP 负责签署的《巴塞尔公约》。《巴塞尔公约》是一个对危险废物越境转移提供了严格控制措施以及国家权利和义务的国际公约。1989 年 3 月在瑞士巴塞尔举行的关于控制危险废物越境转移国际公约的全权代表大会上通过，于 1992 年生效。截止到 2009 年已有 172 个国家或经济组织签署了该协议。公约有 3 个主要目的：（1）减少危险废物的产生，并避免越境转移时造成环境污染，提倡就地处理危险废物，以减少越境转移；（2）妥善管理危险废物的越境转移，防止非法运输行为；（3）促进和提高清洁生产技术和危险废物的处理技术，促进无害环境管理之国际共识。含有二恶英类的废物被列为公约控制的废物。针对含二恶英类废物，《巴塞尔公约》通过了对其进行环境友好管理的技术准则——《对含有 PCDD、PCDF、HCB 和 PCB 或受无意生产的此类物质污染的实行无害环境管理技术准则》(Technical guidelines on the environmentally sound management of wastes containing or contaminated with unintentionally produced polychlorinated dibenzo-p-dioxins (PCDDs), polychlorinated dibenzofurans (PCDFs), hexachlorobenzene (HCB) or polychlorinated biphenyls (PCBs))。

《巴塞尔公约》和《斯德哥尔摩公约》在针对 POPs 废物管理

方面合作密切，均主张预防和最大限度地减少废物。《斯德哥尔摩公约》第6条在减少和消除源自贮存和废物的排放措施时提出缔约方应该尽量遵照《巴塞尔公约》的相应条款来展开工作。《巴塞尔公约》制定的技术准则也强调了《斯德哥尔摩公约》中针对废物处置的条款，并提出应同时根据两公约处理 POPs 类废物。

1.7.2 欧洲地区协议

1.7.2.1 《关于持久性有机污染物的奥尔胡斯协议》(简称《奥尔胡斯协议》)

自从在1979年日内瓦举办的联合国欧洲经济委员会（UNECE）的环境部长会议上通过了《关于长距离越境空气污染公约》（Convention on Long-Range Transboundary Air Pollution，简称 LRTAP 公约）以来，在此框架下已经出台了8个协议旨在从不同领域指导缔约国采取措施减少空气污染物的排放。《奥尔胡斯协议》（The 1998 Aarhus Protocol on POPs）为其中的1个协议。协议是1998年在丹麦的奥尔胡斯签订，包括美国、加拿大、欧洲国家在内的36个国家和地区签署了该协议，目前有29个国家和地区批准了该协议，批准国除加拿大以外，均为欧洲国家。《奥尔胡斯协议》提出对16种 POPs 进行控制、削减和消除的目标。16种 POPs 除了 UNEP 首批提出的12种物质外，还包括六溴联苯、林丹、多环芳烃和五氯酚。

在针对二恶英类物质时，协议对缔约方提出多项要求，归纳总结包括以下几个方面：

（1）制定相应的战略计划；识别二恶英类的排放，编制排放清单，并将排放数据上报 LRTAP 协议下的欧洲监测评估合作计划（European Monitoring and Evaluation Programme，简称 EMEP）组织。

（2）将1990年（或选择1985～1995年的某一年）排放的二恶英类量作为基准值，要求缔约方将二恶英类的年排放量降到低于基准值的水平。

（3）对三类废物焚烧源包括生活垃圾焚烧、医疗废物焚烧和危险废物焚烧分别制定了 0.1ng-TEQ/m^3、0.5ng-TEQ/m^3 和 0.2ng-TEQ/m^3 的排放标准。

（4）提出了利用 BAT 技术对 5 类重点二恶英类排放固定源进行控制，并提出具体的 BAT 控制方案。针对道路交通流动源，提出在燃料和润滑剂中防止掺入卤代化合物的方式控制二恶英类的排放。

（5）对排放标准和 BAT 的执行提出时间要求。新源被要求自公约对缔约国生效之日起两年内执行排放标准和采用 BAT。已有源可推迟为生效之日起 8 年内执行。

此外，协议还提出在对 POPs 进行控制时，鼓励使用经济可行、环境友好的管理技术手段，包括使用 BEP；鼓励使用经济刺激类手段和教育鼓励类等非控制型手段；鼓励进行 POPs 类研究和监测活动。

《奥尔胡斯协议》较《斯德哥尔摩公约》签署早，其积累的经验包括 POPs 的筛选、条约的制定、控制措施的提出，甚至包括涉及各国谈判等问题均为《斯德哥尔摩公约》的签署提供了经验，节省了大量的时间和资源。其组织方 UNECE 也积极参与到 IFCS 对《斯德哥尔摩公约》制订的评估工作中。因此，尽管《奥尔胡斯协议》是一个以欧洲国家为主的地区 POPs 控制协议，但其对推进全球 POPs 控制起到不可否认的作用。

1.7.2.2　《保护东北大西洋海洋环境保护公约》

为了保护东北大西洋海洋生态系统，1998 年东北大西洋 15 国部长和欧盟环境专员签署了《保护东北大西洋海洋环境保护公约》（Convention for the Protection of the Marine Environment of the North-East Atlantic，又称 OSPAR 公约）。该公约制定了 6 个战略从不同方面保护海洋环境，其中一项重要的战略是针对有害物质进行管理的战略（The OSPAR Hazardous

Substances Strategy)，提出通过不断减少有害物质的排放和流失，防止海域污染，最终达到使该区域海洋中该有害物质浓度为自然背景值，人为合成物质排放接近零的目标；提出以识别污染物、设置优先性、监测和控制的措施减少向北大西洋释放和排放有害物质。二恶英类被列为最优先控制的持久性有毒物。

1.7.3 北美地区协议

1997 年 4 月加拿大和美国签署了旨在消除北美五大湖区有毒物质的战略协议（Great Lakes Binational Toxics Strategy，简称 GLBTS)。在其识别的最有毒性的 12 种物质中，二恶英类物质列入其中。战略协议中美国提出到 2006 年二恶英类排放减少 75%的目标，加拿大提出到 2000 年减排 90%的目标。针对二恶英物质，GLBTS 制定了分如下 4 步的策略：

(1) 收集信息；

(2) 分析现有管理活动及规章；

(3) 识别可实现减排的经济有效的措施；

(4) 实施行动计划实现削减目标。

在该战略指导下，该地区二恶英类排放得到了明显的控制。2005 年的评估报告显示，加拿大 2004 年二恶英类的排放较 1988 年减少 87%，减排的取得主要是通过对造纸行业实施了严格的排放控制、关闭了医疗废物焚烧设施，另外还关停了一家钢铁烧结企业和一家生活垃圾焚烧厂。美国 2000 年的排放较 1987 年减少 90%，其成效的取得主要在美国清洁空气法（Clean Air Act）下，实施了最大可行控制技术标准（Maximum Achievable Control Technology Standards)，对生活垃圾焚烧、医疗废物焚烧、危险废物焚烧和再生铜生产为主的几个行业进行控制。

此外，北美地区一个重要的环境合作协议是加拿大、美国和墨西哥 1994 年签署的《北美环境合作协议》（North American

Agreement on Environmental Cooperation，简称 NAAEC），该协议制定了针对持久性有毒物质控制管理的《北美地区行动计划》（North American Regional Action Plans，简称 NARPAs）。目前已经制定针对氯丹、滴滴涕、汞、PCBs、林丹和“六六六”的行动计划，关于二恶英类的行动计划还在制订、发展中。

2 中国二恶英类研究现状

＊＊＊＊＊＊＊＊＊＊＊＊＊＊＊＊＊＊＊＊＊＊＊＊＊＊＊＊

2.1 中国二恶英类研究动态

我国对二恶英类的研究及相关报道开始于20世纪90年代中期。研究初期在科学杂志上发表的文章主要是关于国外研究的报道，以侧重报道二恶英类危害、特征结构和生成途径为主的综述性文章较多。本世纪开始尤其是过去的5年间，针对我国二恶英类问题的原创性文章开始显著增加。有关研究可以划分为以下几个主要方面：（1）对工业源二恶英类排放及控制技术的研究；（2）对环境介质中二恶英类污染物浓度及环境风险的研究；（3）以制订二恶英类减排战略为主的研究。

2.1.1 对工业源二恶英类排放及控制技术的研究

焚烧行业是二恶英研究最集中的工业源。对焚烧排放的研究主要是通过检测废物焚烧设施尾气中排放的二恶英和飞灰中残留二恶英，掌握焚烧设施二恶英类的排放现状；通过分析二恶英类的分布特征，判断影响其生成的主要因素。国家在本世纪初曾对运行中的多个垃圾焚烧设施二恶英排放进行了检测，田洪海和欧阳讷、李国刚和李红莉对检测数据进行了报道，早期达标排放率较低。近年Ni等人对全国的19个生活垃圾焚烧设施进行了排放检测，提出了废弃物焚烧PCDD/Fs的排放因子，范围在0.169～10.72μg TEQ/t，平均值为1.728μg TEQ/t。Gao等人对全国14个医疗废物焚烧设施二恶英做了排放检测，PC-DD/Fs的浓度（标态）范围在0.08～31.60ng I-TEQ/m^3。从报道数据看，生活垃圾焚烧设施对二恶英类的控制要好于医疗废物焚烧设施。浙江大学围绕垃圾焚烧过程，尤其是针对流化床垃圾焚烧过程，率先在国内开展了焚烧过程二恶英生成、排放和控制的基础研究。Chen 等人对我国废弃物焚烧产生的飞灰中的 PCDD/Fs 进行了分析和表征，结果表明：对于飞灰中 PCDD/Fs 的水平，电厂废弃物焚烧 < 城市固体废弃物焚烧 < 医废焚烧。

我国对化工行业特别是有机氯化工和纸浆漂白等过程排放的二恶英进行了研究。包志成等人曾对我国“六六六”热解废渣中和五氯酚钠盐生产过程二恶英类物质进行了分析测定，计算了当时的排放量。目前我国仅剩一家五氯酚钠生产企业，其贡献的排放量已减少为 25g I-TEQ/a。PCBs 在我国的生产是从 1965 ~ 1974 年，在此期间我国生产的 PCBs 累计达到万吨。李灵军、蒋可分析了国产 PCBs 中二恶英的毒性当量为 217 ~ 417ng I-TEQ/g。Zheng 等人研究显示，我国中小型造纸厂多数采用次氯酸盐一段漂白，其次氯酸盐漂白纸浆中二恶英含量在 34 ~ 44pg I-TEQ/$g_{干浆}$。郑明辉等人模拟工业草浆漂白条件，探讨了次氯酸盐和氯气漂白苇浆过程中二恶英类的生成机制。

对其他工业源如钢铁、有色、水泥等行业二恶英的排放研究均是近年随着《斯德哥尔摩公约》的实施而展开。2008 年科技部启动了由中国科学院为项目组织单位的科技支撑计划重点项目“持久性有机污染物控制与削减的关键技术研究与示范”，其中课题 5 针对钢铁行业展开二恶英类污染物控制技术开发与工程示范的研究，课题 7 针对有色、化工、建材行业，研究 POPs 污染控制协同技术及技术标准和规范。2005 年中美启动了水泥窑 POPs 和其他有毒物质减排研究项目，对示范企业 POPs 减排进行了研究，评估了采取最佳可行技术与最佳环境管理措施控制 POPs 和重金属污染物排放的可能性，推动了我国水泥行业二恶英排放控制。

Ba 等人对我国再生铜和再生铝企业生产过程中 PCDD/Fs 和 PCB 的生成和排放情况进行了研究。结果表明，再生铜生产中

PCDD/Fs 和 PCB 的大气排放因子分别为 14802ng TEQ/t 和 98.1ng TEQ/t；再生铝生产中 PCDD/Fs 和 PCB 的大气排放因子分别为 2650ng TEQ/t 和 193ng TEQ/t。Ba 等人对我国再生锌和再生铅生产中排放的二恶英类研究表明，再生锌和再生铅生产中 PCDD 和 dl-PCBs 总毒性当量大气排放因子分别是 52298.02ng TEQ/t 和 646.05ng TEQ/t。据此排放因子，该研究估算了我国 2007 年再生铜和再生铝生产过程中 PCDD/Fs 的排放量分别为 7.3g TEQ 和 37.5g TEQ；再生锌和再生铅生产中 PCDD/Fs 和 dl-PCBs 的总排放量分为 2.76g TEQ 和 0.42g TEQ。

Zhang 等人研究了我国 3 种类型水泥窑（机械立窑、湿法旋窑和新型干法旋窑）除尘器捕集灰中 PCDD/Fs、PCBs 和 PCNs 的含量和分布特征，结果表明：水泥窑除尘器捕集灰中 PCDD/Fs 的总毒性当量在 4.0 ~ 62ng TEQ/kg 之间。同时与生活垃圾焚烧炉和医疗垃圾焚烧炉的除尘器捕集灰中 PCDD/Fs 的含量进行了比较，结果显示水泥窑除尘器捕集灰中 PCDD/Fs 的含量远低于垃圾焚烧炉除尘器捕集灰中这些污染物的含量。

为了全面了解我国工业源 POPs 排放情况，原国家环境保护总局下发了《关于开展全国持久性有机污染物调查的通知》的文件（环发［2006］207 号），自 2006 年组织开展全国 POPs 状况调查。针对二恶英类污染物编制了《二恶英类 POPs 调查指南》，将在 2006 ~ 2008 年对全国 17 类二恶英类 POPs 排放工业源，包括废弃物焚烧、制浆造纸、水泥生产、铁矿石烧结、炼钢生产、焦炭生产、铸铁生产、镀锌钢生产、再生有色金属（铜、铝、铅、锌）生产、镁生产、黄铜和青铜生产、2,4-滴类产品生产、三氯苯酚生产、四氯苯醌生产、氯苯生产、聚氯乙烯生产、遗体火化，无论企业规模大小均进行调查，该项工作目前已完成。2009 年，国家环境保护部又下发了《关于开展 2009 年全国持久性有机污染物更新调查的通知》（环办［2009］1983 号）的文件，其中一项首要的工作就是组织开展二恶英类排放源信息更新工作，对上一阶段已调查企业进行变更信息的填报，新建和未调查企业进行填报的工作。

2.1.2 对环境介质中二恶英类污染物浓度及环境风险的研究

对环境介质中二恶英类污染物的研究包括围绕典型二恶英类排放源周边区域展开的研究，以及在大尺度范围内，按照行政区划的方式或按照流域划分的方式，研究该地区或该流域环境中二恶英类排放及环境风险。

2.1.2.1 围绕排放源对其周边环境的研究

较早的围绕排放源研究其周边环境介质污染状况的研究见于吴文忠等人的报道，该研究对我国曾受有机氯工业污水严重污染的鸭儿湖地区展开 PCDD/Fs 调查，其底泥中 PCDD/Fs 浓度最高为 177427pg/g（dw），毒性当量为 800pg TEQ/g（dw）。

近年对电子废弃物拆解地区环境中尤其是土壤中的 PCDD/Fs 进行了大量的研究。最早在长江三角洲地区开展研究。2007 年以后研究地主要集中在广东汕头市朝阳区贵屿镇和浙江台州这两处我国电子废弃物拆解非常集中的区域。

骆永明等人对长江三角洲从事露天拆卸废旧变压器、电子洋垃圾及焚烧废弃电缆电线地区周边的农田土壤进行了研究。农田土壤中 PCDD/Fs 的毒性当量为 20.8 ~ 21.3pg I-TEQ/g (dw)，超过加拿大国家居住环境土壤二恶英含量控制标准的 5 倍多。而且土壤中的二恶英类物质已在不同农产品中明显积累。

Leung 等人对贵屿电子废弃物拆解地区不同功能区土壤样品中 PCDD/Fs 进行分析，在一处从事酸浸的场地和一处废弃电缆线燃烧地发现 PCDD/Fs 浓度较高，浓度分别为 12500 ~ 89800pg/g(dw) 和 13500 ~ 25300pg/g(dw)，毒性当量为 203 ~ 1100pg WHO-TEQ/g(dw) 和 84.3 ~ 174pg WHO-TEQ/g(dw)。

荀娜对贵屿电子废弃物拆解地区土壤及底泥样品中 PCDD/Fs 的分析发现，贵屿及其周边地区 PCDD/Fs 污染异常严重，平均毒性当量为 3.9 ~ 622pg I-TEQ/g。其周边某一风景区土壤样品中 PCDD/Fs 毒性当量为 94pg I-TEQ/g，污染水平远远高于我国及世界其他国家和地区所规定的土壤中 PCDD/Fs 的标准水平。

Wong 等人对贵屿地区大气和土壤中 PCDD/Fs 进行了研究。大气中 PCDD/Fs 浓度为 6531fg/m^3，为广州的 1.5 倍、深圳的 3.1 倍；所测土壤中浓度为 466～599156pg/g，毒性当量介于 1.15～9265pg I-TEQ/g，最高点在拆解焚烧地。

Shen 等人对台州电子废弃物回收场地周边 10 个农用土壤样品分析显示，PCDD/Fs 浓度为 210～850pg/g(dw)，毒性当量为 2.3～45pg I-TEQ/g(dw)，两处电子废弃物回收较为集中的地区土壤中浓度为最高，分别为 41 和 45pg I-TEQ/g(dw)。

史烨弘等人对台州地区不同功能区包括电子废弃物焚烧场地、发电厂、垃圾焚烧站以及化工厂区土壤样品的分析显示，PCDD/Fs 的毒性当量分别为 973.9、14.1、10.6、4.6pg I-TEQ/g，电子废弃物焚烧场地为最高。

余莉萍等人对某电子垃圾焚烧地周边大气中 PCDD/Fs 进行了检测，两个监测点的 PCDD/Fs 平均毒性当量为 8.777pg I-TEQ/m^3、1.305pg I-TEQ/m^3，均超出日本环保署规定的城市大气中 PCDD/Fs 的最高年平均浓度值 0.6pg I-TEQ/m^3，发现电子垃圾焚烧排放的二恶英严重污染周围的环境。

也有针对生活垃圾焚烧发电厂周边环境中 PCDD/Fs 的研究报道。Xu 等人分别对杭州某现代生活垃圾焚烧发电厂周边的土壤和大气进行了调查。研究发现，PCDD/Fs 排放来自多个源，包括交通、锅炉等，生活垃圾焚烧发电厂产生的影响较小，不是 PCDD/Fs 存在的主要源。这与 Schuhmacher 和 Domingo 的研究结论类似，Schuhmacher 和 Domingo 长期研究了西班牙巴塞罗那地区生活垃圾焚烧炉排放的二恶英类污染物对人体健康风险，通过对土壤、蔬菜等样品中污染物进行监测，发现该地区二恶英类污染物的来源不仅仅来自于垃圾焚烧炉排放，焚烧炉排放与当地的环境质量变化并无直接相关关系。

总体来看，受控型现代焚烧企业排放的二恶英类物质对周边环境影响较小，而小型、公开焚烧的场所造成周边环境中二恶英类浓度较高，引起的环境风险较大。

2.1.2.2　区域或流域尺度内环境的研究

对区域尺度环境中二恶英类的研究可分为两种模式，一是在研究中通过实验的方式对环境介质进行多介质或单一介质样品分析，检测所含二恶英类的浓度水平，根据介质中的浓度，估算人体摄入量，以此评价人体二恶英类暴露风险。另一种研究是利用 UNEP《工具包》，结合地区产业数据进行二恶英类排放估算，利用多介质逸度模型模拟地区二恶英类的环境归趋，再通过暴露模型分析地区人体暴露风险水平。

余莉萍对广州大气中二恶英浓度进行了研究，发现广州花都区、荔湾区、天河区和黄埔区大气颗粒物中 PCDD/Fs 的平均浓度（毒性当量浓度）分别为：3815fg/m^3（104.6fg I-TEQ/m^3）、12777fg/m^3（430.5fg I-TEQ/m^3）、6963fg/m^3（163.7fg I-TEQ/m^3）和 10953fg/m^3（769.3fg I-TEQ/m^3），工业活动影响较大的荔湾区和黄埔区二恶英类浓度较高。通过暴露公式估算天河区居民 PCDD/Fs 总摄入量平均值成人为 1.1pg I-TEQ/(kg/d)，但在某些季节儿童总摄入量可高达 4.3pg I-TEQ/(kg/d)，已经超出世界卫生组织规定的人体日容许摄入量 1～4pg I-TEQ/kg。

Li Y. 等人研究了北京 3 个区大气二恶英类的含量，通过近一年的监测，得出研究区域大气 PCDD/Fs 的浓度范围是 275～10780 fg/m^3，平均 4355fg/m^3，毒性当量为 18～644fg I-TEQ/m^3，平均为 268fg I-TEQ/m^3。

Li H. 等人对上海嘉定、闸北、浦东、黄浦 4 个区所测的大气 PCDD/Fs 平均浓度（毒性当量浓度）分别为：8031fg/m^3（497.1fg I-TEQ/m^3）、5308fg/m^3（289.0fg I-TEQ/m^3）、4041fg/m^3（144.4fg I-TEQ/m^3）、3348fg/m^3（143.2fg I-TEQ/m^3）。嘉定区最高，工业产业是高浓度的最主要原因。

从广州、北京和上海的数据看出，大多数所测区域 PCDD/

Fs毒性当量平均值小于日本环保署规定的城市大气中PCDD/Fs的最高年平均浓度值0.6pg I-TEQ/m^3，浓度水平相当。但是和其他如北美和欧洲地区一些国家比较，要略高于其排放报道值。

姚薇利用UNEP工具包和地区产业数据，估算了北京市二噁英在1995～1999年和2000～2004年的年平均排放量分别为114.676g-TEQ、123.065g-TEQ，2005～2010年北京市的年平均排放为169.084g-TEQ。利用逸度模型模拟上述各时间段中北京大气、土壤、沉积物、鱼体中二噁英类浓度，并计算了人体每日膳食摄入二噁英的值。谭大也是利用此方法，对深圳地区2006年排放的二噁英进行了估算，模拟了环境多介质中二噁英类的浓度，估算得出深圳地区成人每日膳食摄入二噁英的PDI值为2.43pg-TEQ/(kg·dw)，低于欧美和日本规定的每日允许摄入量标准。在缺乏监测数据情况下，此方法也具有较高的实用价值，为了解地区二噁英类排放制订控制策略提供了依据。

流域尺度的研究主要集中在对流域中沉积物和水体的研究。我国所报道的关于环境介质中二噁英类的研究最多的就是对沉积物样品进行的分析。我国所检测的沉积物中二噁英的含量列于表2-1。

我国沉积物较早的研究是Luksemburg等人在1995年对多条河流中沉积物样品进行的分析，发现绝大多数样品中二噁英类含量低于日本。由于是早期基础研究，很多河流只选了一个采样点，因此，表中仅列出了该研究中长江采样点二噁英类的浓度。从表2-1可以看出，沉积物中二噁英类浓度最高的报道出现在洞庭湖和海河。洞庭湖地区沉积物残留高是由于洞庭湖地区是我国血吸虫病害最严重的一个地区，为了消灭钉螺中控制血吸虫病，该地区长期使用五氯酚和五氯酚钠，而在五氯酚和五氯酚钠生产过程中产生的二噁英的杂质含量相对较高，因此使洞庭湖的二噁英残留非常高。但从相隔10年后的报道中看出，洞庭湖的二噁英残留得到了显著的降解。一方面是由于1995年后停止使用五氯酚和五氯酚钠使得输入得到控制；另一方面是由于该地区经历了几次大的洪峰稀释了残留浓度，生物自然降解也起到了一定作用。在对海河的研究中证明，海河主干流的二恶英残留并不是很高，二恶英类高残留点主要在其支流和流入渤海的大沽排污段，该地区由于集中了大量化工企业是造成其高残留的主要原因。总体来看，由于流域跨度较大，同一河流不同采样点的二恶英残留存在较大差别，一般情况是，分布工业企业较多的支流区域二恶英残留高，环境风险大。

表 2-1　我国沉积物样品中二恶英类浓度

流　域	浓度/pg·(g·dw)$^{-1}$		毒性当量/I-TEQ pg·(g·dw)$^{-1}$	
	范　围	平均	范　围	平均
长　江				
长江九江段			0.49	
长江武汉段			0.45	
长江南江段			0.86	
长江镇江段			0.89	
长江入海口（上海）			0.29～0.78	0.54
洞庭湖			130.2～890.5	274
洞庭湖	135～5329	2218	0.7～11	4.5
珠　江			0.6～17.5	
珠江东河	1700～5300	3364	3.5～12.2	7.1
珠　江	2003～4314	2794	0.45～9.46	5.31
山　东				
南阳湖	106.7		0.39	
微山湖	147.0		0.80	
日照近海	139.7		0.72	
烟台近海	77.4		0.11	
太　湖	120.1～1315.1		0.83～17.72①	2.18①
海　河				
海河及支流	151～11546		1.3～26	8.6
大沽排污河	1962～559621		19～1264	
大辽河	29.1～3039.1	864.5	0.28～29.01	7.45
辽　河	13.7～458.5	121.9	0.17～14.91	2.15

①WHO-TEQ pg/(g·dw)。

2.1.3 以制订和执行二恶英类减排战略为主的研究

《斯德哥尔摩公约》要求缔约国必须于公约生效两年内向公约秘书处递交 POPs 国家实施计划，其中包括二恶英类的减排战略和行动计划。由于二恶英类来源极为广泛，各种产生源的污染物生成机制与排放状况差异很大，而且我国在二恶英类基础研究方面缺乏积累，二恶英类的减排被认为是 POPs 履约中的难点和重点，因此制订二恶英类的减排战略是实现履约的重要一步。

为了完成减排战略的制定，原国家环境保护总局于 2005 年启动了分别由中国科学院生态环境研究中心和清华大学承担的《中国二恶英类 POPs 排放清单研究》、《中国二恶英类 POPs 减排战略与行动计划研究》两个课题。

依据 UNEP《工具包》，结合我国已有的监测和研究数据，《中国二恶英类 POPs 排放清单研究》课题估算出了 2004 年我国各类源二恶英类的排放量。各类源产生二恶英类排放总量为 10.2kg I-TEQ，其中向空气中排放为 5.0kg I-TEQ、水体排放 0.04kg I-TEQ、产品排放 0.17kg I-TEQ、残留物排放 5.0kg I-TEQ。各类源的排放情况见表 2-2（国家履行斯德哥尔摩公约工作协调组办公室，2008）。根据估算显示，我国是世界上二恶英类排放总量最大的国家，UNEP《工具包》中所列 10 大类 62 个子类二恶英排放源在我国均存在。

在对排放清单分析的基础上，为制订减排战略，《中国二恶英类 POPs 减排战略与行动计划研究》课题对我国重点二恶英排放源进行了识别；估算了重点源二恶英类减排的潜力；提出了减排控制的地区优先性；对现有政策进行了分析，提出了政策法规的改进建议。在上述工作的基础上，提出了我国二恶英类减排战略并制定了行动计划。该战略为我国今后二恶英类研究指明了方向，提出了目标，成为《中华人民共和国履行〈关于持久性有机污染物的斯德哥尔摩公约〉国家实施计划》（简称

《国家实施计划》）的重要组成部分。

表 2-2　我国二恶英类排放清单（基准年：2004）

编号	排放源类别	年排放量/g I-TEQ				
		排放空气	排向水体	排向产品	排向残渣	排放总量
1	废弃物的焚烧	610. 5			1147. 1	1757. 6
2	钢铁和其他金属生产	2486. 2	13. 5		2167. 2	4667. 0
3	发电和供热	1304. 4			588. 1	1892. 5
4	矿物产品生产	413. 6				413. 6
5	交　通	119. 7				119. 7
6	非受控燃烧过程	64. 0			953. 0	1017. 0
7	生产和使用化学品及消费品	0. 7	23. 2	174. 4	68. 9	267. 1
8	其他来源	44. 2			11. 0	55. 2
9	废物处置和填埋		4. 5		43. 2	47. 7
	总　计	5042. 4	41. 2	174. 4	4978. 7	10236. 8

2. 2　中国二恶英类研究中存在的主要问题

二恶英类研究属于环境前沿和交叉领域，涉及自然、社会、经济等领域的诸多方面。21 世纪发达国家如日本、美国、加拿大和欧洲的多数国家通过开展全国范围内二恶英类检测与排放调查，颁布相关法规、政策，采取技术等手段对重点工业排放源的控制已经取得了显著的效果；二恶英类在环境介质中的残留水平已呈现下降的趋势。

我国从 20 世纪 90 年代中后期到目前，对二恶英类的研究仅 10 余年的时间，与农药类 POPs 相比，二恶英类研究起步晚、时间短，而且受其检测费用高、检测机构数量的限制，研究还处于起步阶段。另外，我国由于二恶英类排放较大的钢铁、有色、电力和供热等行业产能还处于不断上升的趋势；二恶英类控制技术的应用仅在示范企业展开；大多数重点排放行业针对二恶英类的控制法规和政策还在制订阶段。因此，环境中二恶英类的排放存在增加的可能，与发达国家相比，我国二恶英类控制任重而道远。

总体来说，我国二恶英类研究存在的主要不足归纳如下：

（1）污染检测数据匮乏。虽然已有部分环境介质中二恶英类浓度的数据，但还没有足够的支撑数据对二恶英类在全国范围内各类环境介质中的污染状况进行评价。因此，也无法在大尺度上对二恶英类在环境中的规趋、风险水平做出相应的分析。

针对排放源的监测数据相当有限，使得我国在制订二恶英类排放清单时对大多数排放源排放量的估算均取自 UNEP《工具包》。因此，估算的不确定性将增大很多，目前阶段还不能够建立起针对我国排放源的排放因子。

（2）研究行业和研究区域不平衡。近 10 年对二恶英类排放的研究，无论是排放的报道还是控制技术的研究，几乎均集中在了与废物焚烧相关的行业，钢铁、有色、水泥等工业燃烧源的研究报道较少。而对化工行业二恶英类排放的认识和使用的数据还是基于 20 世纪 90 年代研究，从 90 年代到现在化工行业结构发生了较大的变化，关闭了大量小型企业，技术也进行了提升，但最近 10 年更新的研究很少。从研究区域来看，主要集中在东南地区和经济发达的大城市，而常规污染较为严重的内陆城市二恶英类残留情况报道很少。

（3）管理政策方面的研究缺乏。目前的二恶英类研究主要在微观领域通过物理、化学的手段，评价其风险、研究其生成及控制机制。二恶英类管理与政策研究欠缺。一方面是对已出台的直接针对二恶英类控制的政策缺乏评估，导致不能及时掌握政策的实施效果。另一方面是二恶英类的管理缺少与其他领域交叉、综合的研究。污染物的控制需要有综合整治的理念，二恶英类的控制需要和当前我国主要污染物的控制相融合。我国“十一五”期间针对重点高能耗、高污染行业密集出台了系列污染物控制政策、产业结构调整的政策，这些政策的出台将对行业整体污染物排放削减产生深刻影响，包括二恶英类物质。但是目前的研究缺乏对政策的深度挖掘。

在认识到问题和差距的同时，也应该看到我国在以下几个方面的突破为二恶英类的控制起到了重要的推动作用：(1) 二恶英排放风险较大的废物焚烧行业已经出台排放标准多年，取得了政策方面的突破；(2) 我国“十一五”期间，节能减排工作已被我国政府提升到前所未有的战略高度，成为促进科学发展的重要手段，这一举措已经对降低能耗、控制常规污染物起到直接效果，而且对新型污染物也将起到协同控制的作用；(3)《斯德哥尔摩公约》的签署和《国家实施计划》的编制促使我国制定了整体二恶英类减排战略，并计划将履约的80%以上的资金用于二恶英类的控制。为了解决存在的问题、充分利用上述契机推进二恶英类的减排，本书将围绕以下几个问题展开：

(1) 系统分析我国二恶英类管理政策，以求认识现状、发现问题。

(2) 探讨二恶英类污染控制政策对焚烧行业的影响、探讨节能减排政策对二恶英类排放削减的影响，以此评价政策的执行效果。

(3) 探讨如何对二恶英减排方案进行评价，以求合理分配减排资源、提高减排效率。

(4) 通过对政策的分析，提出二恶英类控制政策的改进建议，以求从管理的角度提升我国二恶英类控制执行力，解决《国家实施计划》中的一些问题。

研究主要是在认识二恶英类政策的基础上，通过分析政策对行业的影响来评价政策。长期以来，人们对问题的解决寄希望于制定、颁布各种新政策来化解矛盾，一旦政策颁布，对政策实施的效果如何，所知甚少。这种只问耕耘、不问收获的态度是我国政策体制中普遍存在的问题，事实上，政策评估对于改进政策制订系统、克服政策运行中的弊端和障碍，增强政策的活力和效益、提高政策水平具有重要作用，意义深远。

3 国内外二恶英类管理政策

* *

3.1 发达国家削减和控制二恶英的管理政策及其启示

早在20世纪70年代，在一些发达国家就发生了对环境造成严重污染的二恶英类事件，但多数政府对二恶英问题的关注始于80年代，最初对二恶英的特征和毒性进行研究，小范围地监测其在环境中的排放情况。关于削减和控制二恶英类排放的重大法规政策均在90年代中后期制定并开始实施。在此期间，对排放二恶英类较大的源进行了监测与控制，如焚烧、炼钢、烧结等工业源，逐步提出了越来越严格的二恶英排放标准，有的政府也制定了二恶英环境质量标准。在相关环境政策的监管下，21世纪发达国家二恶英类的排放已经呈现显著下降趋势，因此，管理方面主要是延续执行上一阶段严格的控制措施，对相关国际公约中的承诺予以实施。鉴于欧盟和日本控制起步早且效果明显，而且我国环境政策制订过程中参照欧盟法规较多，因此本章主要分析欧盟和日本在控制二恶英类排放的管理经验和重要政策，希望能对我国减排政策的制订、完善及管理的实施提供借鉴。

3.1.1 欧盟二恶英类相关政策及管理经验

欧盟主要的环境法律形式包括法规（Regulation）、指令（Directive）、决定（Decision），其中以法规和指令居多。法规是欧盟一经颁布即在成员国发生完全效力，不需要再转移到本国法律中，直接对欧盟成员国自然人和法人产生法律效力。指令是对所要到达的目标的规定，通常指令在一定期限内要转变成本国相应的法律。因此，指令只规定目标，具体如何实现目标可以根据成员国的具体情况来确定。决定一般是针对特定的对象，对特定发布对象具有完全的法律约束力。

欧盟各成员国由于经济发展水平以及二恶英类污染问题之间的差异，在针对二恶英的控制时有本国相应的政策法规及经验，但作为一体化组织的欧盟委员会也采取了统一的行动减少二恶英类的排放，降低人群的暴露风险。其控制二恶英类排放的管理经验和重要的政策法规主要包括以下几个方面，一是国际层面，通过签署相关污染物控制的国际或地区公约，积极参与污染物的减排、履行相应的义务；二是地区层面，制定宏观的减排战略，系统性地降低二恶英类的排放；三是针对具体污染源，通过综合污染预防与控制指令（IPPC Directive 96/61/EC）和废物焚烧指令（2000/76/EC）来控制二恶英类的排放；四是对食物和饲料中二恶英类进行管理，降低食物链中二恶英类的存量。

3.1.1.1　履行国际协议，制定关于持久性有机污染物的法规（Regulation（EC）No 850/2004）

欧盟作为世界上具有重要影响的区域一体化组织，积极协商、参与控制 POPs 的国际公约，分别签署了《奥尔胡斯协议》和《斯德哥尔摩公约》。为贯彻实施《奥尔胡斯协议》和《斯德哥尔摩公约》，欧洲理事会和议会通过了关于持久性有机污染物的法规（Regulation（EC）No 850/2004 of the European Parliament and of the Coucil of 29 April 2004 on persistent organic pollutants and amending Directive 79/117/EEC），法规于 2005 年 5 月 20 日生效。对于非有意生产的持久性有机污染物包括二恶英类物质、PCB、PAH，法规要求各成员国要草拟排放清单，交流各国减排二恶英的国家行动计划，并提出相应的措施促进 POPs 控制技术和替代产品的开发。该法规为获取各成员国二恶英排放信息提供了保障，对监管各国二恶英减排起到了重要作用，是目前欧盟控制持久性有机污染物、履行国际协议的最重要法规。

3.1.1.2 建立地区宏观二恶英类控制战略

20世纪90年代，欧盟通过一些直接和间接的法律、政策来减少二恶英类的排放，考虑到缺乏综合系统的方法进一步降低环境中二恶英类物质，也是对发生的一系列食品、饲料中的二恶英类污染事件做出回应，2001年欧盟委员会颁布了《欧共体二恶英、呋喃、多氯联苯战略》（Community Strategy for Dioxins, Furans and Polychlorinated Biphenyls），该战略提出了进一步控制环境、食品、饲料中的二恶英类物质的行动计划。

为减少环境中的二恶英类物质，该战略制定了中短期和长期行动计划。中短期行动（5年）包括对金属生产过程、民用源等二恶英排放源做进一步调查、识别；通过建立评价方法、监测手段对其产生的风险进行评价；采取预防、利用BAT等控制手段减少排放，对其进行风险管理；另外还包括加强研究、促进公众参与、增强国际合作等行动计划。长期行动（10年）包括持续地对数据进行收集，研究环境污染对人体健康的影响，在欧盟各国之间建立统一的监测方法，并对现行的管理政策进行评价。

为控制食品、饲料中的二恶英类物质，该战略提出将对食品、饲料中的二恶英类物质建立三级标准体系，包括：

（1）最大限量标准（maximum levels）。

（2）行动限量标准（action levels），它要比规定的最大限量标准的要求低，如果超出行动限量标准，就要对该产品出现二恶英的原因进行调查，起到早期警戒的作用。这样，就会进一步减少二恶英及多氯联苯在食物及饲料中的存在。

（3）目标限量标准（target levels），是为了将人体二恶英类的暴露降到推荐的可耐受摄入量以下而最终要实现的限量标准，是进一步采取措施降低这些物质含量的推动力。

为了评价该战略的执行情况，欧盟已在2004年和2007年分别发布了两次战略执行进度报告，总结各阶段战略的进展情况和所取得的成绩，同时提出有待下一步解决的问题，保证了战略持续、稳步地实施。

3.1.1.3　控制重点工业源二恶英类排放的政策

对工业设施二恶英类污染物的减排主要通过综合污染预防与控制指令96/61/EC（IPPC Directive）和废物焚烧指令（2000/76/EC）来进行控制。

A　综合污染预防与控制指令96/61/EC（IPPC Directive）

综合污染预防与控制指令96/61/EC（IPPC Directive）是欧盟关于工业排放环境立法的关键工具之一。它要求各成员国利用最佳可行技术（BAT）综合控制工业源排入大气、水体和土壤中的污染物。其中所涉及的工业源包括众多可能产生二恶英类排放的工业源，如钢铁行业、有色金属行业、纸浆造纸行业、水泥石灰的生产、废物焚烧、锻冶铸造、大型燃煤电站等。为了明确BAT，指导行业进行污染防治，实现BAT的信息交换，欧盟IPPC局已经制定了33份不同领域的BAT参考文件（BAT Reference Documents，简称BREFs）。和二恶英排放相关的工业领域参考文件中对二恶英类污染物的产生和控制进行了详尽的评价，包括对排放的工业过程进行辨别、制定排放标准，分析工业活动排放可能对不同环境介质造成的影响；提出减排的技术方法，对减排技术给出了具体的应用实例以及估算技术的投资和运行成本。欧盟委员会要求在2007年10月30日之前，成员国要确保IPPC指令在各成员国的完全实施，指令要求的所有相关设施需要获得基于BAT的运行许可。

根据IPPC指令15条的要求，欧洲委员会于2000年7月通过了2000/479/EC号决议建立欧盟污染排放登记系统（the European Pollutant Emission Register，EPER），要求成员国每3年提交依决议规定的工业设施涵括50种污染物向大气、水体排放的报告。二恶英类物质被列入了登记范围，要求成员国进行该类数据的上报。2003年5月联合国欧洲经济委员会议定的污染物排放与废物转移登记协议（the Protocol on Pollutant Release and Transfer Registers，PRTRs）签署。为履行协议，欧盟法规166/2006（Regulation（EC）No 166/2006）将现行系统污染排放登记系统（EPER）提升为欧盟污染物排放与废物转移登记系统（the European Release and Transfer Register，E-PRTR）。

综合污染预防与控制指令是欧盟各成员国控制工业二恶英排放的重要政策依据，其中的BREFs参考文件是减排二恶英类的重要技术导则，EPER系统实现了对成员国二恶英类排放的掌握与监督。

B 废物焚烧指令（2000/76/EC）

欧盟控制废物焚烧的政策制定于1989年，针对新源和已有的生活垃圾焚烧设施分别制定了第89/369/EEC和89/429/EEC指令，这两项指令主要通过对焚烧运行条件的控制及对其他污染物控制的同时起到对二恶英类的控制作用。在1994年，针对危险废物焚烧，欧盟发布了第94/67/EC指令，并制定了0.1ng-TEQ/m^3的烟气排放限值（标态）。欧洲议会和欧洲理事会2000年12月4日通过了关于废物焚化的第2000/76/EC指令，该指令取代了前面所颁布的三项指令，弥补了上述法令中的不足，成为欧盟控制管理废物焚烧的法律依据。指令不仅要求垃圾焚烧厂、危险废物焚烧厂，以及使用垃圾作为混合燃料的燃烧设施均需满足0.1ng-TEQ/m^3的烟气排放限值（标态），烟气处理产生的废水中二恶英的排放满足0.3ng-TEQ/L的限值。对于新源，要求2002年12月即要遵照该指令，已有源可以推迟到2005年12月以前执行。

3.1.1.4 监管、控制食物与饲料中二恶英类物质含量

为了减少人体二恶英的摄入，最重要的就是减少二恶英类

物质在食物链中的蓄积。按照《欧共体二恶英、呋喃、多氯联苯战略》中所提行动计划，欧盟通过如下法律和指令建立了食物和饲料中二恶英类的最大限量值、行动限量值：

（1）2001 年欧洲理事会法令（EC）2375/2001，确定了食物中二恶英类的最大限量。

（2）2002 年欧洲理事会和议会第 2002/32/EC 指令，确定了饲料中二恶英类的最大限量。

（3）2002 年欧盟委员会第 2002/201/EC 建议，确定了食物和饲料中二恶英类的行动限值。

（4）2006 年欧盟委员会法令（EC）199/2006 对（EC）2375/2001 进行了修订，新指令中规定了食物中二恶英类和 PCBs 的最大限量。

（5）2006 年欧盟委员会第 2006/13/EC 指令对 2002/32/EC 指令进行了修订，新指令中规定了包括饲料中二恶英类和 PCBs 的最大限量。

（6）2006 年欧盟委员会第 2006/88/EC 建议对 2002/201/EC 进行了修订，新指令中规定了食物和饲料中二恶英类和 PCBs 的行动限量。

从欧盟二恶英类的控制经验可以看出，欧盟对二恶英类控制的政策是在不断修订中完善提高。在 20 世纪 90 年代，主要是针对废物焚烧提出管理政策，随后随着 IPPC 指令的执行，在更广泛的工业源展开控制排放的活动。经过近 20 年的努力，二恶英类的减排效果较显著，尤其是对工业排放源的减排。根据欧盟二恶英类排放清单显示，工业源向大气中排放的二恶英类将由 1995 年 2823 ~4110g I-TEQ/a，下降到 2005 年的 1165 ~1731g I-TEQ/a，降幅约为 58%。

3.1.2　日本二恶英类相关政策及管理经验

日本由于可用土地面积较少，焚烧作为废物处理的一种手段开始于 1912 年，在 20 世纪 50 年代开始普及。在 2003 年排放的5161万t生活垃圾中，焚烧处理比例高达78%，生活垃圾焚烧设施有1396个。日本政府对二恶英类污染物的控制管理主要以解决焚烧过程产生的二恶英为主。

日本对二恶英类的控制和管理过程可以划分为几个阶段。

3.1.2.1　20世纪80~90年代中期（政策准备期）

1983年，日本一些研究者报道了关于日本生活垃圾飞灰中二恶英类被检测的情况，开始引起社会对二恶英类的关注。原卫生与福利部（Ministry of Health and Welfare）在1985年到1990年组织展开“二恶英形成及降解机理研究”，为此多个科研机构开始探索垃圾焚烧过程中二恶英类的生成原理及控制方法。此外，日本从1986年开始检测一些主要的环境介质和水生物体中二恶英类的含量。第六届世界二恶英大会次年在福冈召开。基于上述对二恶英的研究，原卫生与福利部1990年发布了二恶英类控制的第一个导则——《生活垃圾处置中二恶英类的控制导则》，提出通过完全燃烧、控制除尘烟气的温度降低二恶英的排放。当时日本焚烧烟气中二恶英类的排放（标态）从0.2ng-TEQ/m^3到300ng-TEQ/m^3，平均10ng-TEQ/m^3，因此，仅对连续运转的新源提出0.5ng-TEQ/m^3的排放限值。但是该导则并没有法律效力，也没有包括占绝大数量的现有焚烧炉。从90年代初到1997年，日本没有再制定或修改二恶英类政策。

3.1.2.2　1997~2000年（政策出台密集期）

1997年，在日本的焚烧设施烟气及周边土壤中检出二恶英类浓度严重超出世界其他地区所报道的浓度值。此后大量的报道集中关注日本二恶英类的污染情况，日本三家主要报纸关于二恶英类的文章由1995年的100篇左右上升到1997年的2000篇，1998年更达到了3780篇。此外，民众由于反对建焚烧厂而与政府产生了强烈的冲突。

面对这种情况，日本在20世纪90年代后期到2000年，日本政府密集出台了一系列政策，以控制二恶英类的排放。包括如下内容：

（1）1997年，对1990年发布的二恶英类控制导则进行了修订。

（2）1997年修订的《大气污染控制法》（Air Pollution Control Law）中将二恶英定为有毒空气污染物，需要采取措施控制排放。同年的《废物管理法》（Waste Management Law）中要求对含有二恶英的废物进行处置，主要选取废物焚烧和电弧炉炼钢作为重点实施控制行业。

（3）1999年，日本召开内阁会议提出了《日本反二恶英措施推进的基本导则》（Basic Guidelines of Japan for the Promotion of Measures Against Dioxins），提出用四年时间将日本释放二恶英的量在1997年基础上降低90%，并提出了明确的应急减排举措。

（4）1999年7月，日本制定了《二恶英类对策特别措施法》（Law Concerning Special Measures Against Dioxins，简称《二恶英法》），该法于2000年1月正式实施。提出了综合控制二恶英的措施，包括污染监测、建立环境质量标准，建立更为严格的大气、水体和废物处置的排放标准，加强对已污染场地的处理，以及国家治理二恶英的整体计划和对违反者的处罚措施。

（5）遵照《二恶英法》，2000年政府发布了《政府企业活动中削减二恶英类的计划》（Government Plan to Reduce Dioxin Levels Resulting from Business Activities in Japan）。该计划明确了2002年要实现二恶英类排放达到843～891g/a，较1997年减少90%，并且将减排具体指标下达到以废物焚烧、电弧炉炼钢、钢铁烧结、锌回收和铝合金制造为主的活动中。此外，还提出了具体的实施措施。

从上述政策可以看出，日本政府对二恶英类控制的决心与重视程度之大。以立法的形式颁布的《二恶英法》成为政府减排控制的法律依据。遵照《二恶英法》，日本建立了针对二恶英类环境质量标准和工业烟气、水排放标准（见表3-1和表3-2）。为了评价环境中二恶英的排放量，从2000年开始对全国大气、地下水、沉积物、地表水、土壤环境介质中二恶英类展开大范围的持续检测。此外，对二恶英类的排放源也展开全面的检测，形成国家每年二恶英类排放清单。

表3-1　日本环境介质中二恶英类质量标准

环境介质	质量标准
大气(标态)/pg-TEQ · m^{-3}	<0.6
水/pg-TEQ · L^{-1}	<1
沉积物/pg-TEQ · g^{-1}	<150
土壤/pg-TEQ · g^{-1}	<1000

表3-2　日本工业源二恶英类排放标准

项　目	规定设施	规模 /t · h^{-1}	排放限值（标态）	
			新源 /ng-TEQ · m^{-3}	既存设施 /ng-TEQ · m^{-3}
烟气排放标准	废弃物焚烧炉	>4	0.1	1
		2~4	1	5
		<2	5	10
	炼钢电弧炉		0.5	5
	钢铁烧结炉		0.1	1
	锌回收设备		1	10
	铝合金生产设备		1	5
水排放标准	工业废水排放口		10pg-TEQ/L	

为了实现减排目标，尤其是针对焚烧行业，日本在此期间投入了大量的资金建立大规模城市废物焚烧厂和对已有的废物

焚烧厂进行污控设备的提升，安装先进的二恶英减排设备。每年大约有 2500 亿 ~ 5000 亿日元用于建设新焚烧厂，100 亿 ~ 2500 亿日元用于提高对污染物的排放控制。在 2000 年上述两项措施合计总花费 8000 亿日元，大约 70 亿美元。

3. 1. 2. 3　2000 年以后（政策执行评价期）

21 世纪以来，日本对二恶英类的管理主要以上一阶段制定的法规、政策为依据，通过检测排放值，对其执行情况每年进行评价。2002 年加入《斯德哥尔摩公约》后，检测的范围也扩展到其他类 POPs。在 2003 年，日本已实现二恶英排放总量由 1997 年的 7680 ~ 8135g-TEQ 减少到 372 ~ 400g-TEQ，较 1997 年减少大约 95%。因此，2005 年政府对 2000 年的《政府企业活动中削减二恶英类的计划》进行了修订，进一步提出到 2010 年二恶英类排放量比 2003 年减低 14. 3% ~ 15. 5%，比 1997 年降低 95. 8% ~ 95. 9% 的目标，并且调整了相应的减排措施，包括使用公约中提到的 BAT/BEP 进行污染物的减排，强调利用《循环法》、《废物管理法》从废物的减少、再利用、循环的角度减少源头废物的产生量，达到二恶英类减排的目标。

为了监管《二恶英法》的执行效果，日本环境部每年编制《二恶英法执行报告》（Enforcement Status of the Law Concerning Special Measures Against Dioxins），评价各地的二恶英类减排的执行情况。

为了促进公众参与二恶英类减排活动，同时也为了在二恶英类控制方面和公众建立信任、相互监督，各级政府定时向公众发布二恶英类检测报告。同时，国家每年面向公众印发二恶英类宣传册，宣传二恶英类物质的特性、形成原因及政府所采取的控制措施，并鼓励公众遵照“减量化、再利用、资源化”的原则，通过减少最终废弃物处理量、避免随意焚烧废物等手段参与到减少二恶英类的活动中。

通过采取的系列措施，二恶英类排放得到了很好的控制，表3-3显示了1999年和2008年环境介质中二恶英类浓度和主要排放源的年排放量（Ministry of the Environment Government of Japan，2009b）。人乳中二恶英类的含量由1998年25.2pg-TEQ/g-fat下降到2006年的16.3pg-TEQ/g-fat；人均每日摄入量由1998年2.1pg-TEQ/kg下降到2006年的1.06pg-TEQ/kg。

表3-3　日本环境中二恶英的浓度和排放清单

排　放	介质或工业源	2000年	2008年
环境介质中二恶英类浓度（大气标态）/pg-TEQ · m^{-3}	大气	0.15	0.036
水体/pg-TEQ · L^{-1}	水体	0.31	0.20
沉积物/pg-TEQ · g^{-1}	沉积物	9.6	7.1
地表水/pg-TEQ · L^{-1}	地表水	0.092	0.048
土壤/pg-TEQ · g^{-1}	土壤	6.9	3.1
二恶英类年排放量/g-TEQ	废弃物焚烧炉	2121～2252	132～137
	炼钢电弧炉	131	33.0
	钢铁烧结炉	69.8	22.5
	锌回收设备	26.5	3.1
	铝合金生产设备	22.2	11.3
总　体		2394～2525	215～223

3.1.3　发达国家减排的特点及今后减排的难点

通过对欧盟和日本二恶英类管理经验和政策分析，可以看出发达国家二恶英类减排活动有以下几个特点：

（1）以焚烧行业为切入点，逐步建立完善的减排战略。

由于对二恶英类的最早认识源于废弃物焚烧，因此废弃物焚烧行业是最早规范二恶英类排放的行业。基于其被重点关注、严格控制，废弃物焚烧行业的二恶英类减排对整体环境中二恶英类的减排贡献最大。以此行业为切入点、突破口，逐步建立起了整体减排战略。从欧盟和日本的实践均可以看出，需要围绕一个整体的战略制订短期、中长期目标，并且量化目标，这将有利于减排工作持续、稳步实施。

（2）对重点工业源建立排放标准，制定技术导则，促进减排的实施。

除废弃物焚烧外，控制重点工业源二恶英类的排放是发达国家大幅减排的关键。因此对一些工业源如钢铁烧结、电弧炉炼钢、再生有色金属生产行业规定了二恶英类的排放。为了能促使企业达标，出台了相应的技术导则指导减排工作。尤其是欧盟的 BAT 技术导则，强调对多种污染物的综合协同控制，对持久性有机污染物的控制技术结合常规污染物控制技术，被一起纳入到综合污染物控制方案中。

（3）建立动态排放清单，提高科学决策水平。

排放清单在评价人类活动所造成的污染程度方面起到了十分重要的作用。人类对粮食、能源、交通等的基本需求被认为是污染物产生的驱动力。为了经济可持续发展，这些污染源必须得到有效的管理。为了做好管理，需要正确了解哪些污染物对环境和人体造成了影响、影响达到什么样的程度。在决定采取行动之前需要知道目前环境的状况，评价环境水平是否能引起环境危害。

因此，尽管二恶英类的检测要求技术难度大、费用高，一些发达国家已经对每年二恶英类的排放建立了排放清单。日本从 1997 年起开始每年公布向大气、水体排放的二恶英类的量。并且对环境介质中二恶英类展开较大规模的检测，2008 年检测大气、地下水、沉积物、地表水、土壤中的样品数分别达到 721 个、1700 个、1384 个、634 个、1073 个（Ministry of the Environment Government of Japan，2009b）。此外，在英国，其环境、食品及农村事务部（Department for Environment，Food and Rural Affairs）委托国家环境技术中心（National Environmental Technology Center）编写国家大气排放清单（National Atmospheric Emissions Inventory)，二恶英类也列入清单中，清单详细记录了从1990年起英国各类工业源和自然源每年向大气中排放二恶英类的量。排放清单可以让决策者和公众了解到关键的污染源是什么，污染压力在哪些方面，这些污染源如何伴随经济发展而影响经济。全面了解污染物的排放情况对下一步制订相应措施、满足可持续发展的需要是非常必要的。

(4) 对政策执行进行评估，提高政策的可实施性并完善政策。

环境政策评估的目的就是为了判断环境政策是否获得了预期的效果，政策目标实现程度如何，环境问题的解决程度如何，环境问题的性质有没有发生变化，政策是否有必要继续存在，是否需要做出调整，如何调整等。因此是提高政策的可施行性、完善政策的必要手段。在以上的分析中可以看出，欧盟和日本很注重对二恶英类的控制政策进行评估，欧盟通过对政策的评估及时修订、完善政策，日本通过定量化的手段评估工业源二恶英的排放情况，判断政策执行的效果。

发达国家经过20年的减排控制，工业源排放的二恶英类物质得到了显著的控制，尤其是生活垃圾焚烧排放源。目前减排的难点和重点已由可控制的工业源转向较难控制且带有很大不确定性的小范围废物燃烧的民用源。

欧盟二恶英类排放清单估算显示，2005年民用源排放的二恶英类物质将较1995年减少仅10%，而工业源减排可以达到58%。BIPRO估算欧盟大气中二恶英类的排放，民用源包括民用燃烧和无组织的废物燃烧占到总体排放的45%，而钢铁生产、电力、有色金属分别仅占到总体排放的8%、5%、5%。

在日本，生活垃圾焚烧、工业废物焚烧和小规模的民用焚烧设施是焚烧产生二恶英类的三大源。1997年小规模民用焚烧设施仅占总体焚烧二恶英类排放的10%左右，而2003年以后首次超过了另外两大源，成为焚烧设施排放的第一大源。

在美国也是如此，曾经是最主要的二恶英产生源的生活垃圾焚烧、医疗废物焚烧和危险废物焚烧水泥窑向大气中排放的二恶英从 1987 年到 2000 年减少了 99%、85% 和 84%，而民用庭院废物燃烧所排放的二恶英已占总排放量的 35%，从 1987 年到 2000 年减少仅 17%。

无组织的民用燃烧源由于其分散分布、监测困难、较难规范，因此对此类源的控制是发达国家二恶英减排的工作难点与重点。调动公众参与、提高公众认知被国外普遍认为是解决该问题的有效手段。欧盟委员会委派 BIPRO 对民用源排放的二恶英类物质做了详尽的分析，发布了报告《民用源二恶英类减排信息交流报告》(Information exchange on reduction of dioxin emissions from domestic sources)，该报告包括辨别各类民用源的排放因子、调查欧盟范围内民用源产生的排放量、分析目前的减排措施、提出减排的阻力和解决措施，旨在提高公众意识、为各成员提供信息交流，提高各国对民用源的控制。日本每年发布的二恶英类宣传册用浅显的语言解释二恶英的形成、削减和控制措施，其目的也是在提高公众对二恶英的认识。通过认知，以求自觉减少废物的产生，避免无组织燃烧，是降低民用源二恶英类排放的根本落脚点，也是发达国家实现持续减排的关键。

3.2　中国促进二恶英类削减和控制的管理政策

我国对二恶英类的基础研究和发达国家比还存在较大的差距，对该类污染物的管理起步晚，相应的管理措施、法规也处于制订发展阶段。不同行业之间二恶英类的管理水平也有明显的差异。

目前，我国已出台的直接针对二恶英类的管理政策主要集中在废弃物焚烧行业，围绕该行业制定的污染物排放标准、技术规范、监管规范中均涉及对二恶英类排放的控制。该部分构成我国现有二恶英类管理政策的基础。

指导国家战略层面上对二恶英类的整体控制是基于向斯德

哥尔摩大会递交的《国家实施计划》,《国家实施计划》作为国家控制持久性有机污染物的框架性指导文件,明确了我国分阶段二恶英类控制战略目标和行动计划。

上述两个方面被归纳为控制二恶英类的直接政策。尽管我国直接针对二恶英类控制的政策较为有限,但由于二恶英类的排放和控制受到企业生产技术、综合污染物控制水平的影响而有很大差别,因此,我国当前针对节能减排、产业结构调整、清洁生产及对重点行业其他污染物控制所出台的大量政策,可以在某种程度起到间接减少二恶英排放的效果。因此,把该类政策归纳为控制二恶英的间接管理政策。

3.2.1 直接政策

我国由环境保护行政主管部门制定的直接针对二恶英类污染物防治和控制的政策出台于20世纪90年代末期。根据《固体废物污染环境防治法》规定,由原国家环境保护总局、原国家经贸委、原对外经济贸易合作部、公安部共同于1998年1月4日发布了首批《国家危险废物名录》(环发[1998]1989号),在该名录中列入了47类废物,含PCDDs废物和含PCDFs废物分别被列为HW43和HW44类危险废物。1999年比利时发生的二恶英污染饲料事件促发了我国政府对二恶英类污染物的关注。为应对比利时、荷兰、法国、德国因饲料污染导致畜禽类产品及乳制品检出高浓度二恶英的污染事件,卫生部急电全国,对上述4国自1999年1月15日生产的乳制品、畜禽肉类制品暂停进口,已进口的一律查封,暂停销售,全面清查。随后外经贸部、卫生部、海关总署等7部局又联合发出《关于暂停进口和禁止销售经销比利时等国受二恶英(Dioxin)污染食品的紧急通告》。此后,对二恶英类污染物的控制、管理逐渐展开。

3.2.1.1 以焚烧行业为重点的二恶英类控制政策

我国对二恶英类污染物的控制与管理始于焚烧行业,目前也主要集中在焚烧行业。1999 年 6 月，国家环境保护总局科技攻关项目“城市生活垃圾焚烧设施二恶英排放规律及其控制对策研究”启动，开始在国家环境分析测试中心建设二恶英监测实验室，建立二恶英采样分析方法、研究我国焚烧源排放二恶英的形成特征及污染控制对策。在 1999 年 12 月和 2000 年 2 月，国家环境保护总局分别发布《危险废物焚烧污染控制标准》（GWKB 2—1999）（后被 GB 18484—2001 代替）和《生活垃圾焚烧污染控制标准》（GWKB 3—2000）（后被 GB 18485—2001 代替）。这些行业标准是为贯彻《中华人民共和国固体废物污染环境防治法》，减少废物焚烧造成的二次污染而制定的，首次规定了二恶英污染控制指标，即危险废物焚烧炉烟气排放中二恶英类污染物要低于 0. 5ng-TEQ/m^3，生活垃圾焚烧炉烟气排放中二恶英类污染物要低于 1. 0ng-TEQ/m^3。此外对焚烧炉技术性能，如焚烧炉温度、烟气停留时间、出口烟气含氧量、烟气除尘装置等提出要求，这些规定对控制二恶英的排放也起到重要作用。此排放限值计划先在北京、上海、广州、深圳试行，2003 年后开始在全国执行。此后，随着我国生活垃圾焚烧企业的不断增多，以及对该领域污染物排放认识的不断深入，围绕焚烧行业包括生活垃圾焚烧、危险废物焚烧及医疗废物焚烧制定了一系列逐步完善的环境政策。不仅包括污染物控制标准，还建立了固体废物的防治政策、焚烧处置工程建设技术规范、焚烧处置设施性能测试技术规范、焚烧处置设施运行监督管理技术规范、污染物监测标准等法规和政策。这些政策均从不同层面提出了对二恶英类污染物的控制、削减及监测目标见表 3-4。表 3-4 中以焚烧行业为重点的二恶英控制政策构成了我国目前二恶英类污染物控制政策的主体。

除了废物焚烧行业外，其他重要排放行业已经开始建立二恶英类管理政策。如造纸纸浆行业 2008 年制定了企业水体中二恶英的排放限值为 30pg-TEQ/L，并要求企业每年监测一次；废弃电子产品如采用焚烧处理，要求达到二恶英类排放 0. 5ng-

TEQ/m³ 限值（见表 3-4）。此外，控制钢铁行业二恶英类排放的政策已进入制订阶段。国家环境保护部对钢铁行业污染物排放标准已处于征求意见阶段。其中《钢铁工业大气污染物排放标准 烧结（球团）》（征求意见稿）和《钢铁工业大气污染物排放标准 炼钢》（征求意见稿）中将二恶英作为烧结（球团）厂和电炉厂排放的主要污染物之一，并提出二恶英类污染物排放的限值。计划对现有烧结企业烟气中二恶英类排放提出 1.0ng-TEQ/m³ 限值，新建企业要求达到 0.5ng-TEQ/m³ 限值；对新建电炉企业烟气中二恶英类排放提出 0.2ng-TEQ/m³ 限值。此外，国家环保部已组织编制完成《钢铁行业污染防治最佳可行技术导则——烧结及球团工艺》（征求意见稿）和《钢铁行业污染防治最佳可行技术导则——炼钢工业》（征求意见稿）。在最佳可行技术导则中提出了针对二恶英类的防治技术和最佳可行技术，这将帮助企业选择合理的污染防治技术，实现污染物排放限值目标提供技术支撑。

表 3-4 我国已颁布的削减和控制二恶英的政策

分类	名称	具体规定	二恶英限值
控制标准	危险废物焚烧污染控制标准 GB 18484—2001 代替 GWKB2—1999	对焚烧炉技术性能指标做了规定；二恶英的排放限值做了要求	0.5ng-TEQ/m³
	生活垃圾焚烧污染控制标准 GB 18485—2001 代替 GWKB3—2000	对焚烧技术性能指标做了规定；二恶英的排放限值做了要求	1.0ng-TEQ/m³
	城镇污水处理厂污染物排放标准 GB 18919—2002	对污泥农用时二恶英控制提出限值	100ng-TEQ/kg（干污泥）
	水泥工业大气污染物排放标准 GB 4915—2004	对水泥窑焚烧危险废物时大气中二恶英排放规定限值	0.1ng-TEQ/m³
	生活垃圾填埋场污染控制标准 GB 16889—2008	限定了经处理后进入生活垃圾填埋厂的生活垃圾焚烧飞灰和医疗废物焚烧残渣中二恶英的含量	3μg TEQ/kg

续表 3-4

分 类	名 称	具体规定	二恶英限值
控制标准	制浆造纸工业水污染物排放标准 GB 3544—2008 代替 GB 3544—2001	制定 2008 年 8 月 1 日起，新建制浆造纸和 2011 年 7 月 1 日起，现有制浆造纸企业水体中二恶英的排放限值及环境较脆弱需要特别保护地区的制浆造纸企业水体中二恶英的排放限值	30pg TEQ/L
技术规范	危险废物集中焚烧处置工程建设技术规范 HJ/T 176—2005	规定了焚烧炉设计要求；提出了焚烧烟气中二恶英的控制措施，要求二恶英采样检测频次不少于 1 次/a；吸附二恶英的残余物要按危险废物进行处置	遵循 GB 18484—2001
	医疗废物集中焚烧处置工程建设技术规范 HJ/T 177—2005	需同时满足 HJ/T 176—2005 规定；提出了医疗废物焚烧炉设计要求；焚烧烟气中二恶英的控制措施，要求二恶英采样检测频次不少于 1 次/a；吸附二恶英的残余物要按危险废物进行处置	遵循 GB 18484—2001
	危险废物（含医疗废物）焚烧处置设置二恶英排放监测技术规范 HJ/T 365—2007	对焚烧处置设施中二恶英排放监测的布点、采样、分析方法、质量控制、数据处理等内容做了技术要求	
	危险废物集中焚烧处置设施运行监督管理技术规范（试行）HJ 515—2009	规定了焚烧处置设施运行的监督管理程序及要求，包括对烟气排放中二恶英的监测管理，对周边环境空气及土壤中二恶英的监测，对吸附二恶英的活性炭使用数量及布袋除尘器更换情况的检查等	遵循 GB 18484—2001
	医疗废物集中焚烧处置设施运行监督管理技术规范（试行）HJ 516—2009	规定了焚烧处置设施运行的监督管理程序及要求，包括对烟气排放中二恶英的监测管理，对周边环境空气及土壤中二恶英的监测，对吸附二恶英的活性炭使用数量及布袋除尘器更换情况的检查等	遵循 GB 18484—2001

续表 3-4

分 类	名 称	具体规定	二恶英限值
技术规范	废弃电器电子产品处理污染控制技术规范 HJ 527—2010	采用焚烧方法处理废弃电器电子产品应设置烟气处理系统，处理后废气排放应符合 GB 18484—2001 的有关规定	遵循 GB 18484—2001
	危险废物（含医疗废物）焚烧处置设施性能测试技术规范 HJ 561—2010	规定了焚烧处置设施性能测试所涉及的测试内容、程序及技术要求，包括对烟气中二恶英的测定要求及对可以控制二恶英排放的设施的测定要求	
防治政策	城市生活垃圾处理及污染防治技术政策 建成［2000］120 号	减量化、资源化、无害化处理原则；生活垃圾焚烧处置做了要求	遵循 GB 18485—2001
	危险废物污染防治技术政策环发［2001］199 号	减量化、资源化和无害化处理原则；危险废物焚烧处置做了要求	遵循 GB 18484—2001
监测标准	多氯代二苯并二恶英和多氯代二苯并呋喃的测定 HJ/T 77—2001	应用同位素稀释、高分辨毛细管气相色谱/高分辨质谱联用技术测定液体、固态、气态和生物组织中的 PCDD/PCDFs	
	水质二恶英类的测定 HJ 77.1—2008	替代 HJ/T 77—2001 中液体样品测定部分	
	环境空气和废气二恶英类的测定 HJ 77.2—2008	替代 HJ/T 77—2001 中气态样品测定部分	
	固体废物二恶英类的测定 HJ 77.3—2008	替代 HJ/T 77—2001 中固体废物样品测定部分	
	土壤和沉积物二恶英类的测定 HJ 77.4—2008	替代 HJ/T 77—2001 中土壤及沉积物样品测定部分	
其他	关于进一步加强生物质发电项目环境影响评价管理工作的通知 环发［2008］82 号	对大气二恶英的排放提出了较高要求，要求其参照执行欧盟标准；强调进行环境质量现状监测及影响预测时重点做好二恶英类的监测	0.1ng-TEQ/m^3

上述二恶英类政策和管理措施是针对行业提出的国家整体要求。一些环境质量要求较高的地区也提出了严于国家排放标准的二恶英类政策及管理措施。北京市颁布的《生活垃圾焚烧大气污染物排放标准》（DB 11/502—2008）和《危险废物焚烧大气污染物排放标准》（DB 11/503—2007）规定了北京生活垃圾焚烧炉和危险废物焚烧炉大气污染物排放限值 0.1ng-TEQ/m^3。同时，在《大气污染物综合排放标准》(DB 11/501—2007)中规定，对极度毒性物质类中二恶英类的大气污染物最高允许排放浓度为0.1ng-TEQ/m^3。该排放标准表明北京市对二恶英类污染物的排放管理达到了国际最严格的限值。《大气污染物综合排放标准》对二恶英类的排放要求已经不仅仅局限于废物焚烧行业，凡是能够产生排放二恶英类的行业企业都应该遵照这一标准，可以说是我国二恶英类控制政策的一个重要进步。

3.2.1.2 以履行《斯德哥尔摩公约》为目标的二恶英类污染物控制政策

我国政府于2001年5月23日签署了《斯德哥尔摩公约》，成为公约首批签字国。第十届全国人民代表大会常务委员会于2004年6月25日做出了批准《斯德哥尔摩公约》的决定，公约于2004年11月11日对我国正式生效。为了履行公约，经国务院批准，我国成立了由环境保护部牵头、13个部委组成的“国家履行斯德哥尔摩公约工作协调组”，负责审议和执行国家POPs管理和控制的方针和政策，协调国家POPs管理及履约方面的重大事项。在对我国POPs现状进行调查了解的基础上，按照公约要求，中国政府编制并于2007年5月向斯德哥尔摩公约秘书处递交了《国家实施计划》。《国家实施计划》成为今后一段时期指导全国履约工作，实施POPs削减、淘汰、控制和环境管理的纲领性文件。该计划提出了我国POPs控制的国家战略(包括总体目标、优先领域、具体目标)、实施措施和17大类共78项具体的行动计划。根据《国家实施计划》，从目前至2015

年，我国将在持久性有机污染物控制领域投入339亿元。在对12种列入公约的受控污染物控制中，二恶英类污染物的控制所需费用最高、任务也最为艰巨。国家投入的339亿资金中将有283亿用于减少和消除二恶英类的排放。

《国家实施计划》在基于对我国二恶英类污染物排放现状调查了解的基础上，结合公约所提出的目标，从宏观上制订了我国二恶英类污染物控制的战略目标。计划中提出6个行业共18个源为优先控制的重点行业，包括废物焚烧行业、造纸行业（有氯漂白）、钢铁行业、再生有色金属行业、火化机和化工行业；建立了以重点行业为主要控制对象的中长期控制目标（见表3-5）；制订了16项具体的二恶英类减排行动计划以实现目标任务。

表3-5 我国二恶英类污染物控制的战略目标

时 间	目 标
第一阶段（2006～2010年）	（1）到2008年，基本建立二恶英类POPs重点行业有效实施BAT/BEP的管理体系，对重点行业新源应用BAT，促进BEP； （2）到2010年，优先更新二恶英类POPs重点行业源清单和排放量估算，建立相对完善的二恶英类POPs清单； （3）到2010年，建立较为完善的二恶英类POPs重点行业现有源实施BAT/BEP的管理体系，并完成相应示范活动
第二阶段（2011～2015年）	到2015年，重点行业广泛开展应用BAT/BEP，基本控制二恶英类POPs排放增长的趋势
第三阶段（2016～2025年）	全面推进BAT/BEP，最大限度地消除二恶英类POPs排放

《国家实施计划》中提出的二恶英类减排控制目标及任务是我国中长期减少二恶英类排放、负责任地履行《斯德哥尔摩公约》规定任务的行动纲要，其制定极大地推动了我国二恶英类管理的进程。

3.2.2 间接政策

从二恶英类的排放源可以看出，二恶英类的排放与常规污染物的排放源有较大的相似性，主要来自焚烧、工业、交通等人类活动。大量研究已经证明，提高企业的技术水平，降低能耗，淘汰落后产能可以控制、减少二恶英类排放；在焚烧、钢铁生产、有色金属冶炼等过程中，对常规烟气排放的污染物如粉尘、颗粒物、硫化物及氮氧化物（NO_x）的控制措施可以控制、减少二恶英类排放；通过清洁生产，从源头预防、全过程控制污染物的排放也可以降低二恶英类的生成、减少排放；降低对煤炭、石油等化石燃料的依赖，促进清洁能源的发展也能够控制、减少二恶英类的排放。可见，对常规污染物的减排及节能政策可以间接地起到协同减少二恶英类排放的目的。因此，充分认识并利用间接政策产生来减少二恶英类的排放可以使我国目前没有出台二恶英类政策的行业，利用“协同效应”达到一定程度控制二恶英类排放的目的，也可以降低二恶英类减排费用，因为控制二恶英类新增成本部分会被其他污染物减排资金所替代，而降低二恶英削减成本，实现控制总成本的最小化。该部分对我国三类可以起到协同控制的政策进行了分析，主要以“十一五”期间出台的政策为主。

3.2.2.1　限制、淘汰类政策

“十一五”期间，针对高污染高能耗行业，国家出台了大量控制增长，调整优化结构的政策。主要宏观、指导性的政策见表3-6。其中政策所强调的以下两个方面能很有效降低污染物的排放，包括二恶类的排放。

表3-6　我国指导性的限制、淘汰类政策

名　称	发布单位	编　号
促进产业结构调整暂行规定	国务院	国发[2005]40号
国务院关于加快推进产能过剩行业结构调整的通知	国务院	国发[2006]11号
国务院关于印发节能减排综合性工作方案的通知	国务院	国发[2007]15号
关于加快推进产业结构调整遏制高耗能行业再度盲目扩张的紧急通知	国家发展和改革委员会	发改运行[2007]933号

A 控制高耗能、高污染行业过快增长

近年，我国钢铁、电解铝、电石、铁合金、焦炭、汽车等行业产能已经出现明显过剩；水泥、煤炭、电力、纺织等行业也潜在着产能过剩问题。国家通过严把土地、信贷两个闸门，提高市场准入门槛，建立新开工项目管理的部门联动机制和项目审批问责制，执行项目开工建设“六项必要条件”（必须符合产业政策和市场准入标准、项目审批核准或备案程序、用地预审、环境影响评价审批、节能评估审查以及信贷、安全和城市规划等规定和要求），控制高耗能、高污染产品出口等措施控制这些行业过快增长。

B 加快淘汰落后生产能力

落后产能环境污染重、能源消耗高、安全保障弱，是粗放式经济发展的结果。如果落后产能不退出市场，部分行业产能过剩问题就得不到解决，节能减排和产业结构调整就难以完成，经济发展方式也难以转变。在“十一五”期间，国家明确给电力、煤炭、焦炭、铁合金、电石、钢铁、有色金属、建材、轻工、纺织行业都下达了淘汰落后产能的任务；制订了淘汰落后产能分地区、分年度的具体工作方案，对没有完成淘汰落后产能任务的地区，严格控制国家安排投资的项目，实行项目“区域限批”；建立落后产能退出机制，有条件的地方安排资金支持淘汰落后产能，中央财政通过增加转移支付，对经济欠发达地区给予适当补助和奖励；向社会公告淘汰落后产能的企业名单和各地执行情况。

尽管遏制高污染、高能耗行业发展、淘汰落后产能是为了实现我国节能减排、产业结构的升级，但这类行业绝大多数是二恶英类的排放源，控制行业产量的快速增长，即可减少排放。而落后的小产能生产，其二恶英类的排放系数要数倍甚至数百倍、上千倍高于先进产能。如钢铁冶炼，若采用高炉，附带污控设施的设备，UNEP《工具包》中二恶英类大气排放因子为 0.01μg I-TEQ/t（钢水），而采用不清洁的废料，有简陋的污控设施的排放因子为10μg I-TEQ/t（钢水）；水泥生产中，立窑大气排放因子为5μg I-TEQ/t（水泥），而先进的干法窑仅为0.05μg I-TEQ/t（水泥）。因此，我国的淘汰、限制类政策可以对控制二恶英类的排放做出重要的贡献。该类政策的影响评价将在第5章详细分析。

3.2.2.2 污染物防治政策

“十一五”期间，国家对化学需氧量（COD）、二氧化硫（SO_2）两种主要污染物实行排放总量控制管理计划。计划到2010年，全国COD由2005年的1414万t减少到1273万t；SO_2由2549万t减少到2294万t，实现10%的减排目标。围绕以控制SO_2、NO_x为主的烟气防治政策见表3-7。减少SO_2排放总量的主要措施是对燃煤电厂脱硫设施建设与运行监管，同时也包括对工业锅炉和钢铁烧结烟气实施脱硫处理。对NO_x的控制，开展了以火电行业为重点的污染防治计划。对行业整体大气、水污染物的排放控制，采取制定行业污染物排放标准和修订已有标准的形式达到更为严格的要求。众多行业如钢铁工业、炼焦工业、平板玻璃工业、砖瓦工业大气污染物排放标准处于征求意见制定阶段，火电厂将对已有排放标准进行修订。

表3-7 我国主要的污染物防治政策

名 称	发行单位	编 号
国务院关于“十一五”期间全国主要污染物排放总量控制计划的批复	国务院	国函[2006]70号
关于印发现有燃煤电厂二氧化硫治理“十一五”规划的通知	国家发展和改革委员会国家环保总局	发改环资[2007]592号
关于印发国家酸雨和二氧化硫污染防治“十一五”规划的通知	国家环境保护总局 国家发展和改革委员会	环发[2008]1号
水泥工业大气污染物排放标准、水泥工业除尘工程技术规范	国家环境保护总局	GB 4915—2004、HJ 434—2008

续表 3-7

名 称	发行单位	编 号
钢铁工业除尘工程技术规范	国家环境保护总局	HJ 435—2008
工业锅炉及炉窑湿法烟气脱硫工程技术规范	国家环境保护总局	HJ 462—2009
关于印发钢铁行业烧结烟气脱硫实施方案的通知	工业和信息化部	工信部节［2009］340 号
火电厂氮氧化物防治技术政策	国家环境保护总局	环发［2010］10 号

而控制 SO_2、NO_x、粉尘的湿式脱硫除尘装置、选择性催化还原脱硝装置（SCR)、布袋除尘装置已被证明能够减少二噁英类的形成与排放。Wang 等人证实，配有选择性催化还原脱硝（SCR）的烧结厂二噁英类的烟气排放浓度（标态）是 7.94 ~ 14.1ng/m^3，而没有配有 SCR 的烧结厂二噁英类排放浓度为 28.9ng/m^3，通过 SCR，可以达到 75.5% 的二噁英类分解率。Goemans 等人报道了生活垃圾焚烧厂采用 SCR 同时脱硝和二噁英类的效果。通过 SCR 装置，NO_x 的排放减少 90%，达到（标态）30 ~ 50mg/m^3，二噁英类去除效率达到 99%，排放毒性当量为排放标准（标态）0.1ng I-TEQ/m^3 的 1%。而此费用仅比单纯脱硝增加 10% ~15%。

随着污染物防治政策对工业排放源末端综合污控处理技术要求的不断提高，脱硫、脱硝、更为严格的除尘设施在工业源的建设、运行将加大力度，这将为进一步协同控制二噁英类的减排起到更好的促进作用。

3.2.2.3 清洁生产政策

清洁生产是指不断采取改进设计、使用清洁的能源和原料、采用先进的工艺技术与设备、改善管理、综合利用等措施，从源头削减污染，提高资源利用效率，减少或者避免生产、服务和产品使用过程中污染物的产生和排放，以减轻或者消除对人类健康和环境的危害。为了促进清洁生产，我国 2002 年发布了《清洁生产促进法》，2004 年发布了《清洁生产审核暂行办法》。在《清洁生产审核暂行办法》中规定“对于超标排放的、使用和排放有毒有害物质的企业要实施强制性清洁生产审核”。为了实施清洁生产，我国已发布 52 项清洁生产标准，涉及 27 个行业；建立了 9 个行业的清洁生产评价（试行）指标体系；分三批发布了 141 项清洁生产技术；展开了以火电、钢铁、有色、电镀、造纸、建材、石化、化工、制造、食品、酿造、印染等重污染行业为重点的清洁生产审核工作。2007 年和 2008 年，全国分别有 1519 家和 2027 家重点企业开展了强制性清洁生产审核，两年共计实施清洁生产方案 96159 个，投入资金 311.3 亿元。

含有二恶英类的废物被列入《国家危险废物名录》，因此，排放二恶英类的企业属于实施强制性清洁生产审核范畴。尽管目前直接针对二恶英类的排放进行强制清洁生产审核还无案例，但清洁生产所强调的“源头预防、全过程控制”污染物的生产方式，为从源头减少二恶英类的排放起到重要作用。

3.3　我国二恶英类管理政策的特色及局限

尽管我国二恶英类整体管理还处于初级阶段，但就个别行业来看，已经积累了近 10 年的管理经验，已经有近 20 年的国际经验可以参考。此时，又恰逢我国处于经济结构调整、转变增长方式的重要时期，国家采取了前所未有的政策措施和工程措施，全面展开了污染物减排工作。使得我国对二恶英类的管理既可借鉴国外的模式，又可以充分利用我国现有减排政策，采取区别于发达国家的管理模式。归纳我国二恶英类管理包括以下两大特色。

3.3.1　通过焚烧行业取得管理的突破

我国的二恶英类管理政策和国外相类似的一点是政策均最

先应用于废弃物焚烧行业。这一方面是由于该行业潜在的排放风险最大，另一方面也是由于对该行业的基础研究最详尽、最系统，因此政策制定更具有可操作性。从表3-4可以看出，我国废弃物焚烧行业已经逐步形成了一套多种政策互相配合，较为全面的二恶英类排放控制政策体系。对废弃物焚烧企业的二恶英管理已不仅仅是对污染物排放标准提出限值，更强调在建设期对其技术进行规范、在运行期对重要的参数进行监管、在监测时要保证数据的准确性，从建设、运行、监管、监测等方面均提出相应的规范，保障了焚烧行业二恶英类排放的有效管理。尽管其中的一些措施在执行中还存在能否落实的问题，但从制度设计本身来看还是较为完善和健全的。

因此，我国二恶英类的管理政策在焚烧行业取得的突破可以被其他行业在政策制订时得以借鉴。

3.3.2 利用间接政策的“协同效应”控制二恶英类的排放

现阶段，我国二恶英类污染物排放较为突出的行业，如钢铁、有色、水泥、火电、焦炭等，还没有出台二恶英类排放的控制标准和技术规范。但这些行业正是我国产业结构调整的首要对象，在“十一五”期间国家出台政策，严把上述行业的产能，对不达标和小规模的生产企业采取“关停并转”等严格措施，同时加大了对这些行业常规污染物的减排力度，并促进高新技术在这些行业的应用。这些政策已都得到有效执行，已经提前实现 SO_2 的控制目标。由于这些行业对二恶英类排放的基础研究不足，不可能短期内出台较为完善的二恶英类减排控制政策和技术规范。在这个政策真空期，利用上述间接政策控制二恶英类污染物排放将更为可行。

但由于我国对二恶英类的管理处于初级阶段，除了多个行业没有制定管理政策这个不可回避的问题外，现有的管理政策也有如下局限：

（1）本地性数据缺乏导致针对性不强。在政策制订过程中，可供决策参考的基础研究数据较少，更多地依赖发达国家已有的数据，而发达国家的数据是基于其经济发展结构、产业现状以及污染物排放情况而得出的。如我国制定政策时完全参照国外的基础数据，就会出现水土不服的问题，尤其是针对排放量突出的工业源，企业数量多，规模和技术水平不一，企业所处地经济发展水平有较大的差异。因此，企业的排放因子存在较大的差别。对这些企业采取措施，应该结合其规模、所在地区进行区别对待。但这均有赖于我国二恶英类监测能力的提高，逐步建立起我国本地化的排放因子，才可以制订出有针对性的控制策略。

（2）政策评估的缺失。发达国家在执行二恶英类控制政策过程中，通过评估掌握其政策效果并根据效果对政策进行修订，是其能够大幅减排的重要因素之一。通过量化手段建立排放清单，监测环境和食品中二恶英类的含量，是其效果评估的一种主要手段。我国由于没有建立起二恶英类的排放清单，无法掌握政策执行带来的污染物时空变化，因此，无法及时确定政策制定和执行过程中的经验和教训，使得进一步制定政策时没有明确的目标和参照。鉴于焚烧行业已累积了多年的控制经验，可对该行业的二恶英类控制政策，尤其是污染物排放标准进行评估，使其更加完善、适应目前发展需要。

另外，间接政策没有被充分认识。这些政策不仅能控制二恶英类的排放，对其他非有意产生的持久性有机污染物 PAHs、PCBs 和 HCBs 均能起到控制作用。但由于对这类政策产生的效果没有进行定量化的评价，因此，有必要对间接政策产生的影响进行科学的评价，让这些政策充分发挥其作用，这将比制定新政策更为有效。

（3）政策手段较单一。环境政策的类型按照政府直接管制程度高低，可划分为三种类型，包括命令控制式手段、经济刺激类手段、劝说鼓励类手段。我国目前对二恶英类的控制政策采用的均是命令控制式手段。在焚烧行业通过标准、规范来限制企业的污染物排放是非常必要的，但目前的命令控制手段对违规行为还没有提出严格的处罚措施，导致违法成本过低，威慑力不足。因此，有必要采取多方位的政策手段进行二恶英类的控制。从国外的经验来看，利用劝说鼓励的手段减少废弃物焚烧产生的二恶英类被积极倡导。《斯德哥尔摩公约》第10条也强调公众宣传、认识和教育的重要性。

通过宣传教育，让公众了解二恶英类污染物及其对健康和环境所产生的影响、产生途径和替代品方面的知识，通过减少废弃物产生量、避免公开燃烧废弃物、尽量使用清洁燃料等方法手段减少二恶英类的排放。

通过环境信息公开，让公众了解焚烧企业的污染物控制技术及其污染物排放情况，过公众监督企业，既可以提高企业污染物控制水平，又可以缓解公众对建造焚烧企业的抵制行为。

劝说鼓励政策的设计成本、实施成本、监控成本均较低，一旦收效，持续性又长。因此，对二恶英类的控制可以采取综合的控制手段，既减轻了控制成本，又更大程度实现了减排效果。

二恶英类控制在我国还是一个较新的任务。我国现有政策的局限很大程度上是受限于二恶英类的监测能力，对其排放现状了解不够，控制技术研究不足，因此，既要学习借鉴国外的管理经验和减排技术，又要因地制宜地采用合理的方式逐步控制二恶英类排放。

4 二恶英类污染控制政策对焚烧行业的影响

****

从全球范围看，废物焚烧是最受关注的二恶英类排放源。我国已有大量关于废物焚烧烟气和飞灰中二恶英类排放浓度、产生机理、控制技术的研究，对废物焚烧企业周边土壤、大气中二恶英类的排放均有报道。废物焚烧是我国出台二恶英类控制政策最早的行业，也是二恶英类政策最为系统的行业。

环境政策制定的目的一方面是希望通过政策起到控制作用，约束企业的行为；另一方面还体现在其导向和影响功能，通过政策影响公众行为、态度和意识。

为了分析出台近10年的二恶英类排放政策是否对废物焚烧企业产生正面影响、影响程度如何、企业是否按照废物焚烧管理政策要求控制二恶英类的排放，选择了浙江省绍兴市周边的废物焚烧企业为研究对象，采取问卷调查和实地调研相结合的方式，分析企业特别是企业负责人员对二恶英类的认知、对二恶英类控制的态度及企业实际采取的控制措施，以此检验政策对焚烧企业的影响效果。

尽管废物焚烧被认为是二恶英类排放的最大潜在源，但目前并不是我国二恶英类排放量最大的源。而非废物焚烧行业如钢铁生产、有色金属生产、水泥生产、化石燃料发电过程由于产能大、增速快，这些行业在生产过程中排放的二恶英类在总排放量中所占比例较大。由第3章可以看出，这些行业还没有对二恶英类排放提出限制，相关政策制订还在准备阶段。因此，减少上述非废物焚烧行业二恶英类的排放是降低我国环境中二恶英类的重要一环。

然而，减排行动的实施、政策的采纳需要建立在对污染物有一定认知，有正面的参与意愿和态度的基础上才能实现。为了解非废物焚烧行业对二恶英类的认知、态度及目前的污染物控制技术，并与出台政策的废物焚烧行业进行比较，选择钢铁行业中的炼焦企业为研究对象。钢铁行业是我国第一大二恶英类排放行业，其焦炭生产过程是除烧结生产过程外钢铁行业向大气排放二恶英类最多的生产环节。因此，炼焦企业在非废物焚烧行业中具有很强的代表性。

4.1 研究区域的选择

废物焚烧企业的研究地选择在浙江省绍兴市。绍兴地处长江三角洲南翼，浙江省中北部杭甬之间，下辖两县、三区一市，面积8256平方公里，人口435.5万人。绍兴是我国经济最具发展活力的地区之一，2006年绍兴经济总量居全国第31位，浙江省第4位。浙江省是我国废物焚烧比例最高的地区之一，2007年的数据显示，全国21%的生活垃圾焚烧设施集中在该地区，其无害化处理的生活垃圾中焚烧比例高达39.5%，为全国最高。而绍兴地区废弃物焚烧企业的数量和焚烧比例在浙江省又尤为突出。生活垃圾、医疗废物、危险废物焚烧处置比例均很高。2007年绍兴涉及废物焚烧企业共有9家，5家为专业焚烧、两家为垃圾发电企业，另外两家为非经营性危废焚烧企业。2006年，绍兴市生活垃圾焚烧处理率达到54%，2007年上半年，生活垃圾焚烧处理率达到73%，而全国焚烧处置占生活垃圾无害化处置的比例仅为15%；2007年和2008年绍兴医疗废物焚烧处置比例达51%和100%。2007~2008年全市产生的危险废物全部采用焚烧方式处理。鉴于其焚烧处置废弃物比重较高，具有典型性，因此，选择绍兴作为调查地。

炼焦企业的研究地选择在山西省古交市。山西是全国最大的煤炭、焦炭生产基地。煤炭基础储量为1056亿t，占全国基础储量的32%。其中，山西的炼焦煤查明资源储量约占全国的56%，高于第二大省份6倍之多。焦炭产量占到全国的35%～40%，约占世界焦炭总产量的20%，其焦炭出口量占全国焦炭出口量的80%。古交是山西太原下辖的县级市，位于山西省太原市西北部，是山西重要的煤炭、焦炭生产地。该地区煤田面积约占总面积的46%，储量为98.3亿t，有“煤海”之称，高品质的炼焦煤占煤炭生产的70%，其工业生产总值的80%来源于煤炭相关产业。

4.2 调查内容及调查实施

按照研究目的，对认知的调查采用问卷形式，问卷主要包括3个方面的内容：

（1）企业的基本概况。内容主要包括企业的性质、资产、所采用的核心技术及年处理量或生产能力。

（2）企业现行环保措施。内容主要包括企业环保措施投入资金、现有的烟气处理设施及废水处理设施等。

（3）对二恶英类污染物的认知。内容主要包括企业对二恶英类的危害、产生途径、控制技术、现行政策的认知程度，及对所在企业二恶英类排放的认识情况和学习认识该类物质的意愿。

对企业基本情况和现行环保措施的调查，一方面是为探究企业对污染物的认知是否受上述情况的影响，另一方面可以评价其污染物控制水平。

由于焚烧企业和炼焦企业的生产工序差别较大，对其分别进行了问卷设计，问卷见附件2、附件3。

对企业污染物控制措施的调查，除了从上述问卷中获取相关信息外，通过实地调研获取企业在生产过程和末端烟气处理中所采用的能起到二恶英类控制的措施。

在此共对12个企业进行了问卷调查，包括5个焚烧企业、7个炼焦企业。问卷发放及收集均通过一对一面谈的形式完成，调查者均为企业技术副总或企业总工。为了使问卷能真实反映被调查者的实际情况，消除调查者的疑虑和戒备心理，在问卷填写之前已明确调查目的是为科学研究使用，不记名，无好坏对错之分。另外对其中的3家企业进行了实地调研，包括1家医疗废弃物焚烧企业、1家垃圾发电企业和1家炼焦企业。

4.3 焚烧企业对二恶英类的认知、态度及控制实践

4.3.1 企业概况和所采用的环境保护措施

本次调查的企业规模、生产能力、生产设施均有所不同。因此，企业的污染物控制设备，尤其是末端污染物控制装置情况不一。

废物焚烧企业的基本概况和所采用的末端污染物控制措施见表4-1。从表4-1中可以看出，这些企业规模差别比较大，主要是企业的经营性质有所不同。WI1主要处理周边乡镇生活垃圾，这些地区生活垃圾产生量相对较少，采用的是占地少、建设

表4-1 废物焚烧企业的基本概况及其污控设施

项目	WI1	WI2	WI3	WI4	WI5
年处理能力/万t	3	10.8	0.3	13	0.18
焚烧物种类	生活垃圾	生活垃圾	危险废物	生活垃圾	危险废物
核心技术产地	国产	国产	国产	国产	国产
所采用炉型	热解炉	流化床焚烧炉	卧式固定焚烧炉	流化床焚烧炉	热解炉
除尘技术	旋风+湿法文丘氏管+布袋除尘	布袋除尘	水幕+填料塔除尘	布袋除尘	布袋除尘
除酸设备	湿法	半干	湿法	半干	湿法
活性炭吸附设备	喷入	无	无	喷入	喷入+活性炭吸附塔

时间短、投资小的立式热解焚烧炉。WI2 和 WI4 均隶属于热电企业，企业不仅有垃圾焚烧炉，还有常规的燃烧锅炉和发电机组。因此，利用垃圾焚烧炉一方面处理大量的城市生活垃圾，另一方面还能满足周边企业的供热需求，同时上网售电。WI3 是处理工业废液和固体废渣，WI5 是处理医疗废弃物，均是危险废物，产生量相对生活垃圾要少很多。

焚烧烟气中污染物的形成与浓度受焚烧物的种类、燃烧速率、焚烧炉型式、焚烧条件等因素影响而不同，但其中主要的污染物有四大类型。包括颗粒污染物，也就是通常所称的粉尘；酸性气态污染物，如氯化氢、氟化氢、硫氧化物、NO_x 等；重金属污染物，如汞、铅、铬等的元素态、氧化态、氯化物等；有机毒性污染物，如二恶英类物质。因此，对焚烧烟气的治理主要以控制上述四类污染物为主要目的。表 4-1 显示，所调查的企业均采取了一定措施控制焚烧烟气中的污染物，其中 4 个企业采用了除尘效率较高的布袋除尘器。在除酸设备的选择上，WI2 和 WI4 两个企业选择了半干法除酸，该方法不需要设置废水处理系统，是废物处理量较大的生活垃圾焚烧企业常用的除酸设施。活性炭吸附装置既可以对烟气中二恶英类物质起到吸附去除的作用，同时也对烟气中重金属（尤其是汞）的吸附效果显著。所调查企业中有 3 个企业均采取了活性炭吸附的措施。

炼焦过程即是将洗选后的炼焦煤按照一定比例配合，通过炼焦炉高温干馏得到焦炭和粗煤气、焦油等化学产品的过程。机械焦炉常用的生产工艺如图 4-1 所示。

炼焦行业是传统的重污染行业。生产过程中产生大量废水、废气。炼焦废水主要来源是煤在高温干馏、煤气净化以及化工产品精制过程中产生的冷凝水和洗涤水，废水中含有大量的酚、氨氮、氰化物、苯、多环芳烃、杂环氨等有毒有害物质。

废气主要来自于备煤、炼焦、化工产品回收与精制车间：

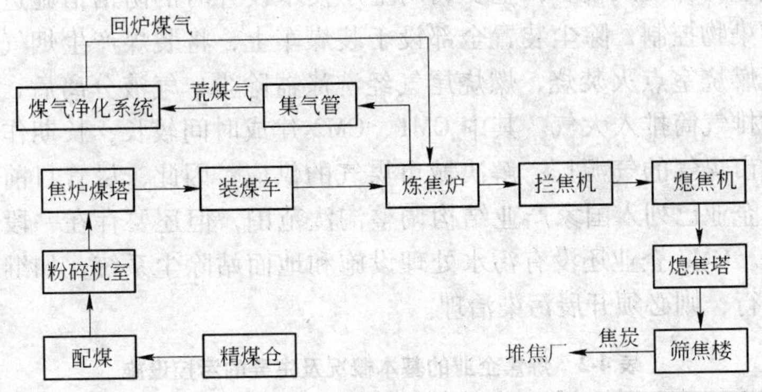

图 4-1 机械焦炉生产工艺

（1）备煤车间。主要污染物为精煤粉碎及输送过程中产生的煤尘。

（2）炼焦车间。炼焦过程中废气来源于焦炉装煤、出焦、熄焦、筛焦过程，主要污染物有固体悬浮物、苯可溶物、苯并芘（BaP）、SO_2、NO_x、硫化氢、一氧化碳和氨气等。

（3）化工产品回收车间和精制车间。配有煤气净化系统的机械焦炉在该工序段上排放的主要污染物为氨气、硫化氢、氰化物及苯族烃类物质。

炼焦企业的污染物控制措施主要包括焦炉设计中已有的过程防治措施和末端污染物控制措施。末端污染物控制设备的投入主要包括焦化废水处理系统、地面站除尘系统（用于治理装煤和出焦过程产生的烟气）和煤气净化系统中的尾气洗涤塔。

根据炼焦企业污染物排放的特点，对炼焦企业调查的基本概况和所采用的主要末端污染物控制措施见表 4-2。7 家炼焦企业均属于独立炼焦企业，企业规模差别比较大。表 4-2 中显示，调查中的大型炼焦企业，其环保投入资金相当高，主要的烟气产生环节——装煤和出焦均采用大型地面站除尘技术；而小型企业环保投入较少，主要利用生产技术设计时的防治措施进行污染物控制，除尘装置全部设于装煤车上，将装煤产生烟气吸至燃烧室点火焚烧，燃烧尾气经洗涤器除尘、气液分离后，通过排气筒排入大气。其中 CM1、CM2 建成时间较长，长期作为城市煤气的气源厂，解决城市煤气的供应，因此，尽管目前该类企业已列入国家产业结构调整淘汰范围，但还要存在一段时间。CM3 企业还没有污水处理设施和地面站除尘系统，如继续运行，则必须开展污染治理。

表 4-2　炼焦企业的基本概况及主要的污控设施

项　目	CM1	CM2	CM3	CM4	CM5	CM6	CM7
年设计产量/万 t	10	20	40	45	100	180	100
熄焦方式	湿法	湿法	湿法	湿法	湿法	湿法	湿法
污水处理设施投资/万元	760	无	无	960	680	1560	2460
地面站除尘系统投资/万元	无	无	无	1680	3840	4600	3980
装煤和出焦的主要除尘方式	炉顶消烟除尘技术	炉顶消烟除尘技术	炉顶消烟除尘技术	布袋除尘	布袋除尘	布袋除尘+旋风+恒温冷凝器	布袋除尘+旋风+恒温冷凝器
化产投资①/万元	2480	无	无	1750	4800	5200	3600

①煤气净化系统中的尾气洗涤塔属于化产投资的一部分，其单独环保设施费用较难从该系统中独立估算，因此该部分费用为化产投资全部费用。

4.3.2　废物焚烧企业和炼焦企业对二恶英类的认知及控制态度

评价企业管理人员对二恶英类的认知是基于表 4-3 中的问题，主要是判断其对二恶英污染物危害、产生途径、控制技术和政策法规等的了解程度。

表 4-3 废物焚烧企业和炼焦企业对二恶英类的认知

问 题	废弃物焚烧企业		炼焦企业	
	选项	频数（$n=5$）	选项	频数（$n=7$）
您是否听说过《关于持久性有机污染物的斯德哥尔摩公约》？	是	5	是	3
	否	0	否	4
您是否听说过二恶英？	是	5	是	6
	否	0	否	1
二恶英的危害了解程度	很了解	5	很了解	0
	了解一些	0	了解一些	6
	不了解	0	不了解	1
二恶英的产生途径了解程度	很了解	5	很了解	0
	了解一些	0	了解一些	5
	不了解	0	不了解	2
二恶英的控制技术了解程度	很了解	5	很了解	0
	了解一些	0	了解一些	2
	不了解	0	不了解	5
二恶英的排放标准和现行政策了解程度	很了解	5	很了解	0
	了解一些	0	了解一些	2
	不了解	0	不了解	5
您认为您所在企业是否存在二恶英的排放	是	5	是	0
	否	0	否	0
	不知道	0	不知道	7

调查结果显示，废物焚烧企业管理人员对二恶英类认知问题的回答具有一致性，不论企业规模大小，不但均听说过《斯德哥尔摩公约》和二恶英，而且均认为自己对二恶英的危害、产生途径、控制技术和管理政策很了解，知道自己所在的企业能产生二恶英类的排放。通过表 4-4 的问题进一步验证其认知

的正确程度，得到的答案也完全一致。均认为燃烧的过程控制、尾气除尘、活性炭吸附和飞灰合理处置对控制二恶英类的排放很重要。

表 4-4　废物焚烧企业对二恶英类控制措施的认知度

控制措施	选　项	频　数
进料规范，避免使用受污染废料	重要 一般 不重要	0 5 0
保证完全燃烧	重要 一般 不重要	5 0 0
燃烧温度达到900℃，烟气停留时间多于两秒	重要 一般 不重要	5 0 0
烟气急冷降温	重要 一般 不重要	5 0 0
采用除尘装置	重要 一般 不重要	5 0 0
采用活性炭吸附	重要 一般 不重要	5 0 0
焚烧残余物固体处置	重要 一般 不重要	5 0 0

而对炼焦企业管理人员的调查结果和焚烧企业调查者有着较大的差别，见表4-3。调查者听说过二恶英这一污染物的频数要高于《斯德哥尔摩公约》的频数，由于公约的制订并不完全

针对工业源产生的污染物，还包括诸如农药类持久性有机污染物，人们对其了解较少。仅有一家企业没有听说过二恶英，该企业为CM3，从表4-2企业的基本信息表可以看出，这家企业的环保投入资金为最少，其环保运行费用也是6家企业中最少的。炼焦企业对二恶英类危害、产生途径、控制技术和排放标准认知程度较低，没有一个企业对上述问题表示很了解。其中6家企业的管理者对二恶英产生的危害有所了解，但对其控制技术，现行政策知之甚少。7家企业管理者均不知道自己所在企业能够排放二恶英。

调查对二恶英类的控制态度可通过表4-5中的问题进行了解。所有的废物焚烧企业被调查者均声称所属企业已采取了控制二恶英类的措施，并且认为企业二恶英的排放能满足国家排放标准，尽管有两家企业从来没有检测过二恶英类的排放。炼焦企业的被调查者由于对二恶英类产生途径、控制措施均不甚了解，不知道自己所在企业能产生二恶英类排放，因此，也不认为企业采取了任何控制二恶英类的措施。实际上，大型炼焦企业在采用除尘地面站对废气进行处理的过程中，可以在一定程度上协同降低非有意产生的二恶英类的排放。

表4-5 废物焚烧企业和炼焦企业对二恶英类控制的态度

问 题	废弃物焚烧企业		炼焦企业	
	选项	频数（$n=5$）	选项	频数（$n=7$）
您所在企业是否采取控制二恶英类的措施?	是 否	5 0	是 否	0 7
您认为企业二恶英排放标准是否满足国家排放标准?	是 否	5 0	—	—
您是否有兴趣进一步了解二恶英类相关知识?	是 否	5 0	是 否	7 0

当被问是否有兴趣进一步了解二恶英类相关知识时，所有调查者一致回答“是”。这表明作为企业管理人员对当前非常规的新型污染物有学习了解的意愿。炼焦企业的被调查者均希望学习了解二恶英类对人体健康的影响和预防、控制措施，有6人对二恶英类产生途径表现出兴趣。但关于国家控制法规和排放清单的相关知识很少有调查者感兴趣（见表4-6）。这也表明在污染物认识的初期阶段，人们更关注和自身健康相关的问题，对于宏观政策、法规并不在关注的视线。

表4-6　调查炼焦企业希望获取的二恶英类知识

二恶英类相关知识	频数（$n=7$）	二恶英类相关知识	频数（$n=7$）
化学特性	4	周边环境中该类物质的浓度	4
产生途径	6	食品中该类物质的含量	4
对人体造成的危害	7	控制法规、政策	2
预防、控制措施	7	国家、行业排放清单	1

所有12位调查者均认为行业协会的培训是获取环保信息最有效的途径，其次是政府部门的宣传教育，而很少有人认可民间环保组织在这方面所发挥的作用（见图4-2）。

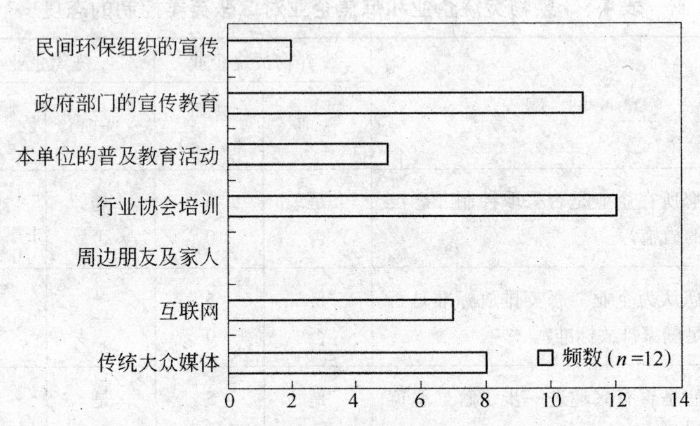

图4-2　调查更为有效的环境信息获取渠道

4.3.3 废物焚烧企业二恶英类控制技术应用实证分析

在进行问卷调查的基础上，对绍兴的两家废弃物焚烧企业进行了实地调研。一家是绍兴华鑫环保科技有限公司的医疗废弃物焚烧厂，另一家是绍兴市新民热电有限公司的生活垃圾发电厂。从实地调查情况看，企业采取的控制措施和问卷调查的结果一致。

华鑫公司是绍兴市卫生局唯一指定的绍兴市医疗废物集中处理中心，医疗废物处理量每天约6~7t。医疗废弃物焚烧采用的是气控热解焚烧炉，该系统主要由燃烧系统、烟气冷却系统、烟气净化系统和控制系统组成。

燃烧系统包括一燃室进行热解和二燃室进行燃烧两个部分组成。物料进入一燃室后，首先，严格控制进氧量，医疗废物在缺氧的条件下完成物料的烘干和热解过程，生成可燃气体；然后，可燃气体进入二燃室，在高温下进行完全燃烧。一燃室温度控制在450℃左右。二燃室利用自动控制的辅助燃烧器使烟气保持900℃左右，当二燃室温度低于850℃时，控制器自动开启辅助燃烧器，通过喷入柴油提升温度；当二燃室温度高于900℃，控制器自动关闭辅助燃烧器。二燃室内设置有角度的二次空气进口及足够的容积，使可燃气体旋转燃烧，保证了烟气在二燃室停留时间大于2s。出口烟气采用高效雾化喷水急冷的方法将烟气冷却，烟气温度降到200℃，随后烟气进入中和反应器，由于半干法脱酸在运行中效果不理想，因此采用通过喷入碱液，去除烟气中的酸性物质，同时烟气温度进一步降到130℃。在烟气进入布袋除尘器前的烟道中喷入了活性炭吸附剂，每小时喷入5kg的活性炭。经吸附的气体进入布袋除尘器除尘。除尘后的气体进入固定床活性炭吸附塔。最后烟气从35m烟囱排出。此外焚烧炉还配备了先进的监测系统和控制系统。监测系统能在线显示表征焚烧炉运行的工况参数，并自动调整焚烧炉和烟气处理的运行状态。系统中配置了先进的烟气在线检测分析仪，可以自动连续地在线检测烟气成分。产生的冲洗废水经消毒脱氯处理后排入绍兴污水处理管网，产生的废渣企业暂时安全存放，等绍兴安全填埋场建成后再处置。

从企业所采用的技术看，符合《医疗废物集中焚烧处置工程建设技术规范 HJ/T 177—2005》要求，对二恶英类采取了综合控制的措施。在燃烧过程中通过燃烧烟气温度、停留时间、湍流度的控制达到完全破坏二恶英类的效果，通过烟气冷却，避开了二恶英类“从头合成”最活跃的温度范围 200 ~500℃。采用的末端污染物控制措施，布袋除尘结合活性炭吸附被认为是控制二恶英类排放的最有效手段之一。

新民热电有限公司共有 8 台锅炉，研究考察的是其中 1 台 75t/h（蒸汽）的国产循环流化床垃圾发电锅炉，该锅炉与原电厂的 15MW 的汽轮发电机组配套，进行发电和供热。设计日处理生活垃圾 400t，年处理垃圾 13 万 t。作为国产流化床垃圾焚烧的代表案例，吴善淦、柴晓利等人、陈梅铭、陈耀东均对该垃圾焚烧发电工程进行了介绍。流化床锅炉利用煤做辅助燃料，垃圾和煤按照 4∶1 混合燃烧，燃烧温度在 900℃，烟气停留时间为 4s。从锅炉排出的烟气经半干法反应器 + 布袋除尘的方法进行脱酸、除尘。脱硫剂采用氧化钙（CaO），先进入消化器消化成氢氧化钙（$Ca(OH)_2$），然后与布袋除尘器及机械预分离器除下的大量飞灰一起进入增湿反应器。在此加水增湿使混合灰的水分增加到 5% 左右，然后含 $Ca(OH)_2$ 的循环灰以流化风为动力，借助烟道负压进入反应器。由于有很大的蒸发表面，水分蒸发很快，在较短的时间内使烟气温度从约 200℃ 冷却到约 130℃，烟气的相对湿度迅速增加，形成一个较好的脱硫工况。同时也避开了二恶英“从头合成”的温度区间。脱硫反应器前增设活性炭喷射吸附系统。活性炭系统设料仓 1 座，下设变频加料螺旋，活性炭由一高压离心风机吹入脱硫反应器入口的烟道内，使烟气与活性炭充分混合和接触，将烟气中有害物质吸附掉。来自反应器的含尘烟气进入除尘器后，粉尘被一次尘收捕在滤袋外，净化后的气体从布袋内自下而上进入净气室，然后经引风机从100m烟囱排入大气。产生的飞灰送入水泥厂进行危废处置，炉渣用于筑路。

该垃圾焚烧系统对二恶英类的控制一方面源于流化床本身的设计，在燃烧过程中加入辅助燃料煤，由于辅助煤的作用可以实现焚烧炉内温度场充分均匀和可控，而且有大量研究已证实煤中较高的含硫量能有效抑制二恶英的生成，因此保证了锅炉出口烟气中二恶英类浓度较低；其次通过末段污染物控制措施进一步降低了二恶英类的排放。企业多次委派国外二恶英测试中心对排放的二恶英类物质进行检测，见表4-7。二恶英类的排放（标态）显著低于国家1.0ng I-TEQ/m^3排放限值，甚至低于国际最严格排放标准（标态）0.1ng I-TEQ/m^3排放限值。

表4-7 新民垃圾焚烧炉二恶英类排放浓度检测结果

数 据	检测1（2002年）		检测2（2006年）
	烟气除尘系统进口	烟气除尘系统出口	烟气除尘系统出口
烟气温度/℃	128	115	117
含氧量/%	12.5	12.5	11.9~17.1
烟气流速/m·s^{-1}	13.02	16.18	24.55
PCDD/Fs (ng I-TEQ/m^3)	0.27 0.24	<0.01	0.0058 0.0056 0.0047

4.3.4 炼焦企业污染物控制技术应用实证分析

尽管炼焦企业并没有安装针对二恶英类污染物控制的装备，但本研究对所调查的环保投入最高的一家炼焦企业进行了深入调研，以全面分析其污染物控制状况。

该炼焦企业拥有两座焦炉，本研究对其中一座2×51孔TH28-1997型年产冶金焦60万t的焦炉进行了调研。该焦炉长14.08m，高4.3m，宽0.5m。通过调研了解了其配煤、炼焦和化产环节中采用大气污染源防治措施，见表 4-8。尽管企业采用的不是国家《产业结构调整指导目录（2005 年本）》中鼓励的干熄焦技术，但其所采取的污染物控制措施和目前主流独立机焦企业所采用的污染物控制措施类似，其污染物控制技术满足《焦化行业准入条件》中所需满足的条件。该企业的污控措施整体上优于当地的其他炼焦企业。环境监测站对企业颗粒物、苯可溶物（BSO）、BaP、SO_2 污染物排放的监测均远低于国家排放标准。

表 4-8 炼焦企业污染控制措施

控制环节	污染物防治措施	投资/万元
原煤堆放场	采用防风抑尘网对储煤场进行封闭，并设置喷水设施保持煤堆表面有一定湿度	428
原煤输送及破碎	密闭通廊输送，扬尘点及破碎机设置集气罩加袋式除尘器	10
精煤输送及破碎	密闭通廊输送，扬尘点及破碎机设置集气罩加袋式除尘器	15
装煤出焦	二合一地面除尘站。装煤系统烟尘捕集率 83% ~ 93%，除尘净化效率为 96% ~99%；出焦系统烟尘捕集率 87% ~92%，除尘净化效率为 97% ~99%	2600
熄焦塔	熄焦塔安装折流板、挡尘板捕尘装置，除尘后废气由 36m 高的熄焦塔顶排入大气	30
焦炉炉体无组织排放	敲打刀边炉门及炉门清扫、新式密封装煤孔盖，水封式上升管等	炉体自带
筛　焦	采用集气罩加泡沫除尘器回收装置	10
脱硫再生塔排放废气	脱硫再生塔尾气洗涤塔中洗涤净化后排放	15
硫氨干燥尾气	旋风除尘器 + 水浴除尘器	20

在调查前，国内尚未报道炼焦企业二恶英类排放情况，国

外对炼焦企业二恶英类排放的报道也非常少。主要是由于发达国家炼焦企业基本上为钢铁联合企业的一个部分，大多采用6m以上焦炉，其重污染环节熄焦过程采用干法熄焦，大大降低了大气污染物的排放。因此，二恶英类排放的报道仅限于几篇文章。Bremmer 等人对熄焦塔排放的二恶英类检测显示，PCDD/Fs 的排放浓度（标态）为 0.15ng I-TEQ/m^3，排放因子为 0.30μg I-TEQ/t（焦炭）。加拿大的 4 个焦炉平均 PCDD/Fs 排放因子为 0.3ng I-TEQ/kg（焦炭）。Anderson 和 Fisher 报道了对英国 37 个焦炉测试样的结果显示，PCDD/Fs 排放浓度（标态）小于 0.001 ~0.12ng I-TEQ/m^3，平均为 0.014ng I-TEQ/m^3。我国对二恶英类排放的报道始见于 2009 年，研究显示采用不同污控措施的企业二恶英类的排放存在显著的差异。其中报道的一家年产 20 万 t 炼焦企业，经地面站除尘后，装煤、出焦过程中产生的二恶英类排放（标态）高达 1697.9pg WHO-TEQ/m^3，而对于炉高 6m，干法熄焦的企业二恶英类的排放（标态）仅为 1.6pg WHO-TEQ/m^3。目前还没有研究对炼焦企业装煤、出焦、熄焦及化产产生的二恶英类进行综合的评价。但从已有的报道可以看出，企业常规污染物防治技术的提高与污染物管理水平的提高能很大程度上降低二恶英类的排放。

问卷调查揭示，废弃物焚烧企业管理者对二恶英类污染物的认知程度高，熟知该类污染物，对所在企业采取的二恶英类控制措施给予了高度的认同和肯定，他们对二恶英类危害的认识有助于企业采取措施进行污染物的控制。而选取的非焚烧企业的代表——炼焦企业的管理者表现出对二恶英类认知的缺乏，关于二恶英类的产生途径、控制技术等相关知识了解非常有限，因此，也不知道炼焦过程能产生二恶英类的排放，尽管他们熟知企业的生产环节和所采用的污染物控制措施。

两类企业对二恶英类污染物认知的较大差别主要是受二恶英类控制政策影响。企业管理者主要关注该行业污染物排放标准中所涉及的污染物，而对本行业排放标准中没有涉及的污染物很少关注。研究表明，政策实施提高了废物焚烧企业管理者对二恶英类的认知，起到了积极的正面政策影响功效。

实证研究证实了企业按照废弃物焚烧政策的规定对二恶英类物质采取了综合性控制措施，包括燃烧过程的控制、烟气净化、残渣安全处置，政策的控制功效得以体现。

其他学者通过二恶英类排放浓度的检测也证明了废物焚烧政策的控制功效。李国刚和李红莉报道了废物焚烧政策制定初期，对47个环保重点城市中的7套生活垃圾焚烧处置设施的二恶英类检测情况。其中，仅三套设施满足国家二恶英类排放要求，浓度分别为0.01ng-TEQ/m^3、0.50ng-TEQ/m^3和0.54ng-TEQ/m^3，另四套超标设施浓度为3.5~19ng-TEQ/m^3、4.3ng-TEQ/m^3、1.3ng-TEQ/m^3、100ng-TEQ/m^3，超标范围为0.3~99倍。田洪海和欧阳讷报道2002年对全国15套生活垃圾焚烧处置设施的检测显示，一半的设施排放水平高于1.0ng-TEQ/m^3的国家标准。近期较大范围对生活垃圾焚烧处置设施二恶英类排放浓度的检测见于Ni等人发表的文章，Ni等人对全国19个生活垃圾焚烧设施进行了调查，二恶英类排放浓度为0.042~2.461ng-TEQ/m^3，平均浓度为0.423ng-TEQ/m^3，其中16个设施低于国家排放标准1.0ng-TEQ/m^3，6个设施达到0.1ng-TEQ/m^3的欧盟排放标准。尽管目前的排放控制水平和发达国家还存在一定差距，但与2002年相比，已有明显改善。

炼焦企业的低认知说明了在没有政策引导和约束下，企业管理者对非受限的污染物关注很少。但从炼焦企业投入的环保治理资金和采用的技术看，环境保护在其整体投资中所占比重较大，有些企业环保投资高达总投资40%。这些技术在对受限常规污染物进行控制的同时，也可起到协同控制其他污染物的功效，但这很少被认知。

两类企业认知差异另一影响因素是行业地位的差异。废物焚烧行业是最早被检测出二恶英类排放的行业，由于其产生的排放曾经是发达国家最大的排放源，因此，对二恶英类形成和控制的研究主要围绕废物焚烧行业。我国尽管废弃物焚烧比例在整个废弃物处置中占比较低，其排放的二恶英类物质在排放清单中并不是最大的源，但介于其潜在风险大，有国外的研究基础，所以对该行业的研究报道、规范制订最为集中。作为焚烧企业的管理者，也就有更多的渠道去了解该类污染物质。

两类企业的认知差异还受地区差异的影响。浙江省作为中国经济发展最快的地区之一，GDP 是内地山西省的 3 倍之多。经济发展带动了环保产业和环境科研的发展。至 2004 年，浙江省环境保护及相关产业从业单位多达 1614 家，从业人数达 16 万人。浙江也是国产垃圾焚烧循环流化床的研究和服务提供基地，中国的首家省级二恶英类检测实验室建成地，良好的环保氛围为企业管理者环境意识的提升、环保知识的掌握提供了必要的外部环境。已报道的环境中二恶英类的暴露数据分布主要来自浙江、广东、湖南、北京、上海这几个省、市地区。中部内陆省份山西、内蒙古、河南鲜有报道，而这些地区的工业污染情况更为严重。如山西 2007 年其产生的工业烟尘排放量全国第一、工业粉尘排放量全国第二、工业固体废物产生量全国第三，但由于山西没有此方面的报道，公众、企业对该类污染物均缺乏了解。

为了提高企业对二恶英类危害的认识，实现非焚烧行业二恶英类排放的控制，我国需要从以下几个方面着手解决非焚烧行业二恶英类认知程度低、无控制的局面。

（1）加大基础科学研究。我国高污染、高能耗的工业发展处于上升通道，不仅很多产品的产量位居世界第一，而且企业规模不一，技术水平参差不齐，这使我国工业二恶英类成因和控制技术均更为复杂。因此，通过利用现有对废物焚烧行业的研究，拓展到对其他行业二恶英类的研究，尤其是加强对非焚烧优先控制的重点工业源二恶英类排放的研究。研究区域也应由东部沿海适当向内地重工业地区转变，内地重工业地区由于长期高能耗产业的发展，煤炭在能源消耗中占据了绝对的主导地位，环境中累积的污染物排放量较大。已有大量研究证实，山西太原地区土壤中持久性有毒物质如多环芳烃和汞的含量远高于国内外主要城市土壤中该类物质的含量。因此，应加大对此类内地能源重化工基地的研究。

（2）提升培训与教育的作用。通过培训、教育提高非焚烧行业对二恶英类的认知。《斯德哥尔摩公约》中强调要提高公众对持久性有机污染物问题的认识。工业企业作为二恶英环境排放的最大来源，更需要提高对这一污染物的认识，尤其是企业的管理人员和决策者。Ashford 研究认为管理者的知识和他们对待技术变革和环境问题的态度是决定污染物控制得以实现的关键。Fryxell 和 Lo 通过对中国企业管理者的问卷调查也证实了管理者的环境知识和他们的环境价值观深刻地影响了他们的行为。因此，对管理者进行二恶英类的宣传教育，让他们了解该类物质的危害，这将对下一步采取措施规范这类企业起到很好的教育先行作用。此外，企业的管理者对污染物的控制经常采取消极的态度，主要是担心控制技术和方案的采纳给企业带来过重的经济负担。通过培训与教育，企业可以学习如何利用现有的环保技术和环保实践预防和控制二恶英类的排放，利用提高常规污染物控制水平和环境管理水平来降低二恶英类的排放，这样既可消除企业在经济方面的疑虑，又可以经济有效地控制好污染物。对培训渠道的调查发现，管理者更认同行业协会在培训、教育中的地位。因此，应充分发挥行业协会的专业优势，起到服务企业的功能。

（3）制订管理政策。二恶英类管理政策的制定与实施能很大程度地起到规范行为的效果。这不仅在调查中得以证实，其他国家的减排实践也很好地验证了政策的效果。Kim 等人报道，韩国在 2003 年实施二恶英类控制政策后，大量的设施通过改进末端烟气控制设备和关闭不符合标准的企业等措施使得 2004 年焚烧行业排放的二恶英类物质较 2001 年降低 76%。日本、英国、美国在其国家持久性有机污染物报告中表明排放标准的制定是排放得以控制的最主要因素。因此，我国将焚烧行业的排放标准向其他行业推广是实现减排的必然一步。但政策的制定不能操之过急，标准的制定需要基于大量的基础工作。目前UNEP的BAT/BEP导则和欧盟的BAT技术参考文献均对工业行业二恶英类的减排提供了技术参考，但这些技术如何因地制宜被我国企业采纳尚需要通过企业示范得以验证，提出适合我国的BAT技术。以技术为保障，辅以多种政策工具手段，才能在更多的行业推行二恶英类排放标准。

尽管废物焚烧企业和非焚烧行业相比，对二恶英类的认知和控制要先行一步，实地调查的企业曾经检测的排放值也较低，但并不表示整体排放已经达到较低水平，其减排任务依然艰巨。首先是焚烧处置的快速增长，2007年我国的垃圾焚烧能力已由2003年的15000t/d提高到了44682t/d，5年时间增长了3倍多。《全国城市生活垃圾处理设施建设"十一五"规划》中提出计划建设垃圾焚烧厂82座。"十一五"对危险废物和医疗废物处置工程的建立力度也在加大，计划完成31个省级危险废物集中处置中心、300个设区市的医疗废物集中处置中心等建设任务。这其中很大一部分工程将使用焚烧技术进行处置，并且已将30t/d以上回转窑危险废物集中焚烧处置技术列入"十一五"环保产业优先发展领域。焚烧能力的快速增长，必然增大二恶英类排放的可能。其次，运行管理水平的差异，也对今后提高运行能力提出要求。Gao等人对全国14个医疗废弃物焚烧设施二恶英进行检测发现，尽管焚烧设施采取了半干法脱酸、活性炭喷射、布袋除尘等控制措施，但其中有两处设施二恶英排放超出10.0ng-TEQ/m^3，远高出0.5ng-TEQ/m^3的国家限值。主要是由于末端除尘系统运行管理中存在问题而造成。此外，我国焚烧烟气二恶英类的排放限值和UNEP在BAT/BEP中提出的0.1ng-TEQ/m^3的限值还有很大的差距，减排潜力较大。总体来看，我国废弃物焚烧行业控制二恶英类污染物取得了明显成效，但任务依然严峻。

5 节能减排政策对重点行业二恶英类减排的影响

＊＊＊＊＊＊＊＊＊＊＊＊＊＊＊＊＊＊＊＊＊＊＊＊＊＊＊

5.1 节能减排的提出和研究背景

“十五”期间是中国工业发展最为迅速的一个阶段，中国成为世界最大的钢铁、水泥、焦炭、玻璃及10多种有色金属生产国。但在这一阶段，中国产业的发展并未摆脱主要依靠资源、劳动力和资本等生产要素的投入为特点的粗放型增长模式。这种模式资源消耗大、效率低、环境保护成本高，缺乏经济增长的后劲和潜力。首先是能源消耗高。高耗能行业的产能快速扩张，使万元GDP能耗从1980～2001年的持续下降趋势发生反转，2002年后呈现出止降反升的态势。能源生产弹性系数和能源消费弹性系数均大于1，分别为1.027和1.064，与“九五”时期－0.001和0.127的能源生产和消费弹性系数形成鲜明对比。因此，与“九五”期间年均节能率6.93%相比，“十五”期间的年均节能率为负值（－0.44%）（见表5-1）。其次是污染排放严重。与能源相关的CO_2排放，在2002年时仅为美国的60%，2005年已经接近美国的排放量，并在2006年超过美国的排放量。在2004年大多数研究者还预测，中国能源相关的CO_2排放在2015年，甚至2020年才能超过美国，但实际的排放增长速度远超前期预测，见图5-1。“十五”末期，我国确定的20种主要污染物比“九五”末期削减10%，但20个指标中的COD和SO_2排放量没有完成削减任务，SO_2排放量不仅没有削减，反而比“九五”末期有所增加。2005年，全国SO_2排放量比2000

年增加了27%；COD排放量仅比2000年减少2%。

表5-1 “十五”期间中国宏观节能指标

年份	能源消费增长率/%	GDP增长率/%	万元GDP能耗（标准煤）/t·(万元)$^{-1}$	能源消费弹性系数	节能量（标准煤）/万t
2001	3.35	8.30	1.333	0.40	6538.90
2002	6.00	9.10	1.295	0.66	4433.11
2003	15.28	10.00	1.357	1.53	-8013.30
2004	16.14	10.08	1.431	1.60	-10563.01
2005	10.56	10.40	1.433	1.02	-319.39
合计	10.15	9.58	—	1.06	-7608.69

注：数据来源于中国能源年鉴2005/2006，2007。

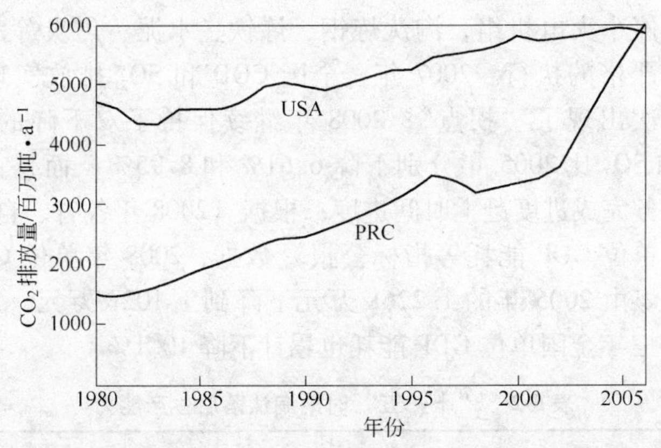

图5-1 1980~2005年中国和美国能源相关的CO_2排放情况

为了解决发展中能源的瓶颈制约和环境压力问题，《中华人民共和国国民经济和社会发展第十一个五年规划纲要》提出了“十一五”期间单位GDP能耗降低20%左右，年均4.4%，主要污染物排放总量减少10%，年均2.2%的约束性指标。然而2006年国民经济和社会发展统计公报显示，当年单位国内生产总值能耗同比下降 1.23%，COD 排放总量比上年增长 1.2%，SO_2 排放总量比上年增长 1.8%，均未实现节能减排的预定目标。

节能减排目标未实现的严峻形势，促使国家紧锣密鼓地出台了一系列政策措施确保承诺目标的完成。2007 年，国务院发布了《关于印发节能减排综合工作方案的通知》（国发［2007］15 号），既强调了节能减排的目标，又提出了 43 项具体措施，在操作层面对节能减排赋予了实质内容，其中通过加大淘汰落后产能力度来实现节能减排是其一项重要的举措，制订了淘汰落后产能分行业、分年度的工作目标，并将向社会公告淘汰落后产能的企业名单和各地执行情况，见表 5-2。随后国家发展改革委员会、工业和信息化部公布了重点高能耗行业应予淘汰落后产能的企业名单和关停时限。从 2007 ~ 2009 年公布的数据显示，关停小火电机组，淘汰炼钢、炼铁、水泥、焦炭等落后产能得到严格的执行。2007 年，全国 COD 和 SO_2 排放实现双下降，首次出现了“拐点”；2008 年继续保持了双下降的态势，COD 和 SO_2 比 2005 年分别下降 6.61% 和 8.95%，而且首次实现了任务完成进度赶上时间进度；根据《2008 年各省、自治区、直辖市单位 GDP 能耗等指标公报》数据，2008 年单位 GDP 能耗标准煤由 2005 年的 1.226t/万元下降到 1.102t/万元，“十一五”前三年全国单位 GDP 能耗也累计下降 10.1%。

表 5-2　“十一五”时期淘汰落后生产能力

行业	内　容	单位	“十一五”期间	2007
电力	实施“上大压小”关停小火电机组	万 kW	5000	1000
炼铁	$300m^3$ 以下高炉	万 t	10000	3000
炼钢	年产 20 万 t 及以下的小转炉、小电炉	万 t	5500	3500
电解铝	小型预焙槽	万 t	65	10
铁合金	6300kV · A 以下矿热炉	万 t	400	120
电石	6300kV · A 以下炉型电石产能	万 t	200	50
焦炭	炭化室高度 4.3m 以下的小机焦	万 t	8000	1000

续表 5-2

行业	内　容	单位	“十一五”期间	2007
水泥	等量替代机立窑水泥熟料	万 t	25000	5000
玻璃	落后平板玻璃	万重量箱	3000	600
造纸	年产 3.4 万 t 以下草浆生产装置、年产 1.7 万 t 以下化学制浆生产线、排放不达标的年产 1 万 t 以下以废纸为原料的纸厂	万 t	650	230
酒精	落后酒精生产工艺及年产 3 万 t 以下企业	万 t	160	40
味精	年产 3 万 t 以下味精生产企业	万 t	20	5
柠檬酸	环保不达标柠檬酸生产企业	万 t	8	2

我国对于上述淘汰落后产能的重点行业，尚未设定二恶英类排放控制的标准和技术规范。但这些以高能耗为特点的工业过程如钢铁行业已被确定为二恶英类排放的重要工业源。其他能耗较高的行业如水泥、火电、炼焦等尽管其排放浓度相对较少，但是在我国由于其产能较大，排放量也不容忽视。据我国对 2004 年二恶英类排放估算清单提供数据显示，钢铁及其他金属生产过程中向大气排放的二恶英类占到总排放的 49.3%，发电和供热行业占到 25.9%，均高于废物焚烧行业向大气中排放的二恶英量（见图 5-2）。因此，上述的高能耗工业排放的二恶英构成了我国二恶英类排放的重要组成部分。

大量研究已证明，二恶英类污染物的排放浓度受工业规模和污染物控制水平的影响。工业设施规模越小，其所能承担的污染物控制技术水平越低，造成的污染比规模大配有高效污控设施的企业所排放的二恶英类浓度要高许多。美国垃圾焚烧厂二恶英类排放显示，大型焚烧厂（大于 225t/d）焚烧垃圾总量的 91%，其产生的二恶英类仅占到全部产生的 17%，而焚烧了垃圾总量 9% 的小型焚烧厂（小于 225t/d），其产生的二恶英类

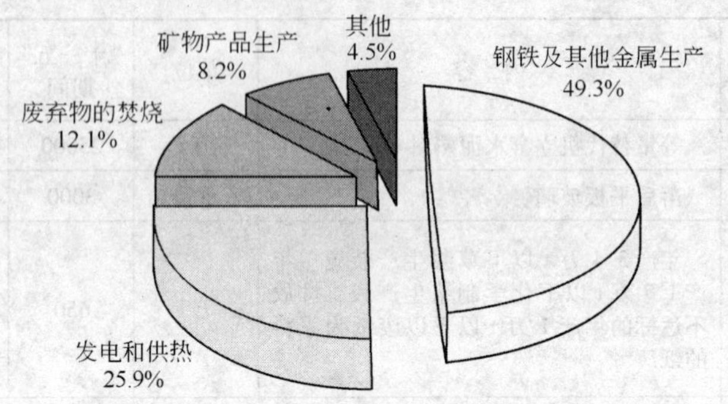

图 5-2 中国二恶英类大气排放行业分布图（2004 年）

注：数据来源于国家履行斯德哥尔摩公约工作协调组办公室，2008。

要占到 83%。因此，国家坚决遏制高耗能、高污染产业过快增长、淘汰落后产能等措施在对能耗指标降低、主要污染物减排起到重要作用的同时，对无意产生的二恶英类污染物的减排也必将起到正外部作用。但目前我国还没有对节能减排政策引起的二恶英类减排进行详尽的分析并对其进行量化。为了评价该政策的影响力，本研究选取了电力、水泥、钢铁、焦炭 4 个严格执行关停落后产能的行业进行分析。首先介绍该行业的发展概况，其次对“十一五”期间该行业的节能减排政策及效果进行了分析、统计，并结合已有的文献数据，在确定不同行业二恶英类排放因子的基础上，对减排量进行了估算。

5.2 节能减排政策对电力行业二恶英类减排的影响

5.2.1 电力行业的发展概况

2002 年以来，中国经济进入了新一轮上升期，电力需求也随之进入快速发展阶段，由于电源和电网建设相对滞后，电力供需缺口逐步增加。为了缓解电力供需紧张情况，我国电力投资、建设力度迅速增加。从 2000 ~ 2007 年间，电力可供量增幅达到年均 13.5%，2007 年，我国电力可供量达到 32712 亿 kW·

h，比2000年增加2.4倍。全国发电装机容量达到71822万kW，火电为55607万kW，占比达到77%。其中燃煤机组占到火电机组的95%，是除了澳大利亚、南非、波兰外燃煤发电比重最大的国家。

电力是清洁的二次能源生产产业，但同时也是中国最大的一次能源消费产业。2007年我国发电用煤13亿t，占全国煤炭消费总量的55%。发电装机结构中以火电为主的结构特征使电力发展面临较严峻的外部环境压力。2005年发电行业排放的SO_2、NO_x、颗粒物等主要大气污染物约占全国总排放量的53%、36%和10%。在国务院批复的“十一五”期间全国主要污染物排放总量控制计划中，发电行业SO_2总量实行计划单列，要求到2010年发电行业的SO_2总量要控制在951万t左右，比2005年降低近30%，对全国实现10%的减排目标贡献高达90%以上。因此，电力行业是我国节能减排工作的主战场。

5.2.2 “上大压小”的节能减排政策

不同等级的火电机组发电效率存在很大差别。我国10万kW及以下、10万~20万kW、20万~30万kW、30万~60万kW、60万kW以上的火电机组每发1kW·h电的煤耗分别为440g、379g、365g、335g和326g（标准煤）。可见，10万kW以下的小火电机组每发1kW·h电比60万kW超临界机组多耗煤26%。小火电机组除了发电煤耗较高以外，由于小火电机组没有安装脱硫和高效除尘装备，污染物排放远远高于大容量高效节能机组。在发电量相同的情况下，小火电机组的年排放粉尘比高效节煤先进火电机组高出5倍多，年排放SO_2高出约15倍。因此，国家提出关闭小火电机组，鼓励发展大型高效节能机组的节能减排政策。

淘汰小火电的工作早在“九五”期间就已出台，当时全国共关停小火电机组964万kW。“十五”前两年，又近一步关停了479万kW。然而，2002年后半年开始，国家出现了新一轮电力供应紧张局面，小火电由于建设周期短投资少见效快，数量急剧增加，将关停小火电的进程变得非常缓慢。到2005年，全国火电平均单机容量仅为6.09万kW，单机容量10万kW以下的小火电机组有1.15亿kW，占火电装机容量的29.6%。

直到2006年，全国电力供需形式趋缓，发电利用小时持续下降，我国发电装机容量突破6亿kW，迎来了关停小火电的最好时机。国家发布了一系列政策实施关停计划。国家发展和改革委员会办公厅首先印发了《关于做好小火电机组关停调查工作的通知》（发改办能源［2006］392号），要求各地区对过去已明确关停的机组进行全面核查。随后，2007年1月，国务院批转了国家发改委、能源局《关于加快关停小火电机组的若干意见》（国发［2007］2号），作为关停小火电的指导性政策，推出关停小机组和“上大压小”项目挂钩的模式，坚持先明确“压小”再“上大”。即建设单机30万kW机组要先关掉其容量80%的小机组，建设单机60万kW机组要关掉其容量70%的小机组，建设单机100万kW机组要关掉其容量60%的小机组。小火电机组的关停范围，主要包括单机容量5万kW以下的常规火电机组；运行满20年、单机10万kW以下的常规火电机组；按照设计寿命服役期满、单机20万kW以下的各类机组；供电标准煤耗高出2005年本省（区、市）平均水平10%或全国平均水平15%的各类燃煤机组；未达到环保排放标准的各类机组；按照有关法律、法规应予关停或国务院有关部门明确要求关停的机组。

国家发展和改革委员会、国家能源局、国家环保部和国家电力监管委员会公布了2006～2008年全国关停小火电机组情况，包括关停企业名称、关闭机组数量、装机容量及关停时间。从已公布的关停数据来看，这些政策成效明显。表5-3为2006～2008年全国小火电机组关停情况。3年累计关停装机容量3421万kW，机组数4139台。这些关停的小火电机组，若用大机组代发，每年可节约原煤4300万t，减少SO_2排放73万t，减少二氧化碳排放6900万t。

表5-3　2006～2008年全国关停小火电机组情况

年　份	企业数	机组数	装机容量/万kW
2006	48	317	314
2007	171	553	1438
2008	325	3269	1669

2009年所关停的小火电企业名单还没有公布，但国家工业和信息部公布了小火电的关停容量为2617万kW。图5-3列出了从“九五”到“十一五”小火电机组的关闭情况。可以看出，“十一五”前四年关闭容量是前两个五年计划的数倍，而且每年的关停数量节节攀升，共关停小火电6038万kW，已经提前实现“十一五”关停5000万kW小火电的目标。

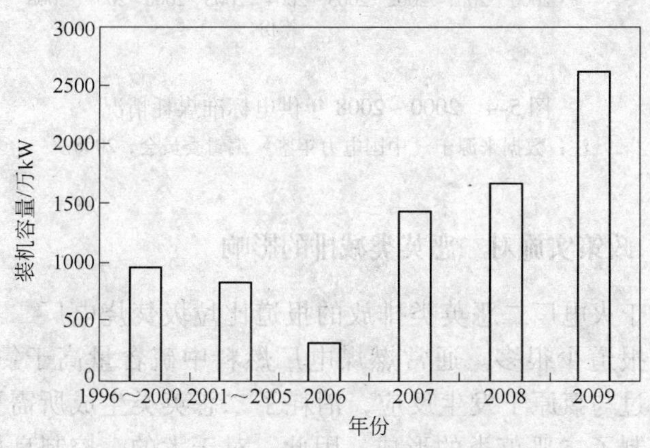

图5-3　各阶段关停小火电机组的装机容量

小机组关闭的同时，火电建设继续向着大容量、高参数、环保型方向发展。单机容量30万kW及以上火电机组占全部火电机组容量由2000年的38%提高到2009年底的64.46%。大机组比例的提升使我国电力行业供电标准煤耗连年下降。从2000~2008年全国6000kW及以上电厂供电标准煤耗情况见图5-4。供电标准煤耗8年内累计下降了47g/(kW·h)，尤其是2006年以来，随着大机组比例增加，供电标准煤耗下降幅度持续较大。

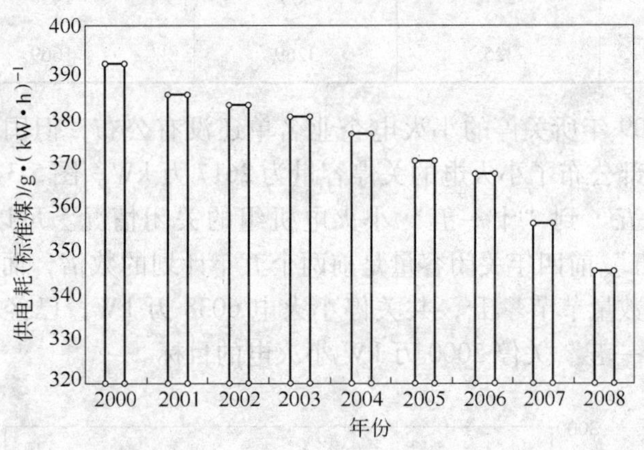

图5-4 2000~2008年供电标准煤耗情况

注：数据来源于《中国电力年鉴》编辑委员会，2008。

5.2.3 政策实施对二恶英类减排的影响

关于火电厂二恶英类排放的报道比垃圾焚烧电厂二恶英类排放的报道少很多。通常燃煤电厂燃料中硫含量高于氯含量，硫分通过与氯原子发生反应，消耗了二恶英类生成所需要的氯源，抑制了二恶英类的形成。因此，对于大的、控制良好的化石燃料电厂中，由于所使用的燃料是均匀、燃烧效率通常是相当高的，二恶英类的生成是很低的。对于小电厂，燃料可能不是均匀的，燃烧处于较低的温度，或者燃烧效率较低，污染物控制设备较简单，这些条件会导致二恶英类生成量增加。

Bremmer 等人对荷兰两个燃煤企业进行研究。其中一个是有两台 2×51.8 万 kW 机组的燃煤电厂，尾气配有电除尘器和脱硫装置；另一个企业有一燃煤锅炉，尾气除尘装置为多管旋风除尘。经测定这两个燃煤企业的二恶英类大气排放因子分别为 0.35μg I-TEQ/t（煤）和 1.6μg I-TEQ/t（煤）。Lin 等人检测了台湾地区的两个燃煤电厂，大气排放因子分别确定为 0.133μg I-TEQ/t（煤）和 1.11μg I-TEQ/t（煤），并且取其平均值 0.62μg I-TEQ/t（煤）对台湾地区燃煤电厂产生的二恶英进行清单估算。Fernandez-Martinez 等人对西班牙的 5 个燃煤电厂排放的二恶英类进行检测，其排放因子较大的低于其他研究数据，为 1～5ng I-TEQ/t（煤）。但是也有一些相应的报道中燃煤电厂的排放因子较高，如瑞士的排放手册中提到电厂的排放因子为 6.2μg I-TEQ/t（煤）。由于燃煤电厂所用煤的类型不同，所安装的除尘装置不一，因此各个国家和地区在对该部分产生的二恶英类进行估算时所采用的排放因子也有很大的不同。美国、德国、英国、荷兰在估算时分别采用 0.079、0.03～0.2、0.06～0.32、0.35μg I-TEQ/t（煤）的排放因子。UNEP《工具包》中建议燃煤发电锅炉二恶英类的大气排放因子是 10μg I-TEQ/TJ（烧掉的燃料）［约 0.3μg I-TEQ/t（煤）］。欧盟在排放估算中建议，若没有实际检测数据可得时，建议燃煤电厂选用 0.1～0.4μg I-TEQ/t（煤）排放因子；中小型工业燃煤锅炉选用 0.5～1.5μg I-TEQ/t（煤）排放因子。

对于我国关停的小火电在计算其减少的二恶英类排放时，合理选择排放因子是估算的前提。从上述现有可供参考的排放因子来看，均来自发达地区和国家，而且主要是针对大型现代企业而言。Graus 和 Worrell 对全球范围多个国家燃煤电厂的 SO_2、NO_x 控制和能效分析显示，整体而言，中国和印度的燃煤电厂对污染物的控制水平远低于日本、德国、韩国和北欧国家及地区。发达国家已经基本完成了对燃煤电厂脱硫和脱硝的改造，甚至已经利用活性炭对重金属汞的排放也进行了有效的控制。而对于关停的小火电其污染水平又远高于电行业一般排放水平。据国家电力监管委员会和国家发展改革委员会发布的《2007 年度关停小火电机组情况通报》显示，关停的小火电机组平均装机容量仅为 2.6 万 kW，平均服役 27 年，平均供电煤耗 483g。因此，在估算我国关停小火电机组排放时，排放因子可以选取国外中小型工业燃煤锅炉的排放因子。按照欧盟提供的中小型工业燃煤锅炉选用 0.5 ~ 1.5μg I-TEQ/t(煤)的排放因子，选取其中间值 1.0μg I-TEQ/t(煤)作为本研究小火电机组的排放因子。

PCDD/PCDF 的减排量可以按照如下公式计算：

$$RE = IC \times T \times CC \times EF \times 10^{-8}$$

式中 RE——二恶英类减排量，g I-TEQ；

IC——装机容量，万 kW；

T——机组年运行时间，h；

CC——每千瓦 · 时供电煤耗，g/(kW · h)；

EF——排放因子，吨煤为 μg I-TEQ。

表 5-4 提供了关闭机组的装机容量；2006 年我国燃煤机组的运行时间为 5221h；每千瓦 · 时供电煤耗根据《2007 年度关停小火电机组情况通报》为 483g。计算结果见表 5-4。可以看出“十一五”前三年，关停落后小火电机组累计减排二恶英 86g I-TEQ。若将 2009 年关停的 2617 万 kW 计算入内，将减排二恶英 152g I-TEQ。

表 5-4　关停落后小机组减少的二恶英排放量

年份	关闭的装机容量 /MW	减少的发电量 /$kW \cdot h \cdot a^{-1}$	减少的煤耗 /$t \cdot a^{-1}$	减少的二恶英类排放量 /g I-TEQ · a^{-1}
2006	3140	1.64×10^{10}	7.92×10^{6}	8
2007	14380	7.51×10^{10}	36.27×10^{6}	36
2008	16690	8.71×10^{10}	42.07×10^{6}	42
总计	34210	17.86×10^{10}	86.26×10^{6}	86

5.3 节能减排政策对水泥行业二恶英类减排的影响

5.3.1 水泥行业的发展概况

中国是世界最大的水泥生产国。2007 年水泥产量达到 13.5 亿 t，大约占全球水泥产量的一半。与“九五”期间相比，水泥产量平均年增长由 4.51% 上升到“十五”期间的 12.55%。

水泥是高耗能产业。其能源总耗量由三部分组成，即全年生产水泥中所用熟料在其煅烧时所消耗的热能；水泥生产过程中所消耗的电能折成的热能；水泥生产中所用的原燃料及矿渣等混合材烘干时需消耗的热能。其中熟料能耗约占 70% ~80%。能源消耗占到其生产成本的 20% ~40%。2006 年水泥制造业能源消耗总量 1.31 亿 t（标准煤），比 2005 年增长 11.71%，占当年全国标准煤耗的 6.8%，其中消耗电力 1043 亿 kW·h，占国家用电总量的 3.7%。

由于小水泥特别是落后低效的立窑技术的大量存在，我国水泥行业的碳排放强度比世界平均高 8%。2005 年水泥行业二氧化碳排放达 8.67 亿 t，占全国二氧化碳排放的 22.8%。二氧化碳排放量排在电力工业之后，但单位产值二氧化碳排放量是最大的行业。

5.3.2 支持新型干法水泥技术、淘汰落后小立窑等生产的节能减排政策

我国水泥工业结构性矛盾主要表现为企业规模小、产品档次偏低、落后生产能力仍占相当比重、能耗大、资源消耗高、环境污染严重等。水泥工业节能的主要途径是促进新型干法工艺快速发展，采用新型干法生产工艺取代落后的立窑、湿法和其他旋窑工艺。和新型干法水泥相比，小立窑、湿法窑等落后工艺的能耗较大，见表 5-5。此外，立窑生产多使用除尘效率较低的水膜技术，对环境压力很大。在发达国家，这种落后窑型

已经不再使用，而在我国2005年水泥生产能力中55%左右仍为落后的立窑和小型干法中空窑，32.5级水泥等低端产品约占总产量的85%。

表5-5 不同类型水泥窑平均热耗对比

窑 型	新型干法窑	机立窑	湿法窑	干法中空窑
热耗(标准煤)/kg·t^{-1}(熟料)	115	160	208	243
热耗指数/%	100	139	181	211

注：数据来源于国家发展和改革委员会发改工业［2006］2222号水泥工业发展专项规划。

在2006年，政府紧密出台了多项政策调整水泥产业。首先，2006年4月13日国务院八个部委或部门联合公布了《印发关于加快水泥工业结构调整的若干意见的通知》（发改运行［2006］609号），随后国家发展和改革委员会制定发布了《水泥工业产业发展政策》（国家发展改革委员会第50号令）和《水泥工业发展专项规划》（发改工业［2006］2222号），这三项重要的政策，是实现水泥工业增长方式转变和淘汰落后产能的重要政策依据与支持。按政策要求，提出到2010年，我国新型干法水泥比例达到70%；企业数由5000家减少到3500家；生产规模由2005年的20万t提高到40万t；水泥产量前10位企业的生产规模达到3000万t以上；新型干法水泥吨熟料热耗由130kg(标准煤)下降到110kg(标准煤)；水泥综合单位产品综合能耗下降25%。同时，“十一五”期间将实现累计淘汰落后产能2.5亿t的目标。

为实现结构调整的目标，国家发展和改革委员会、国土资源部、人民银行联合发布了《关于公布国家重点支持水泥工业结构调整大型企业（集团）名单的通知》。《通知》中列出60户国家重点支持的大型水泥企业（集团），鼓励这些大型水泥企业兼并、重组、联合，迅速提高生产集中度，优化资源配置，带动水泥行业结构调整。而且国家将在项目核准、土地审批、信贷投放等方面予以优先支持。同时，国家发展和改革委员会办公厅发布了《关于做好淘汰落后水泥生产能力有关工作的通知》（国家发改委办公厅447号文），通知将2007~2010年各年淘汰落后水泥产量量化到各省、自治区、直辖市，并与落后小水泥企业所在政府签订淘汰落后生产能力责任书，明确拆除时间、目标、要求、落实相关责任。该通知将淘汰工作分两个阶段进行，2007~2008年各省要淘汰1.36亿t落后水泥产能，2009~2010年淘汰1.48亿t落后水泥产能。为了将各省淘汰任务具体到企业，国务院发展和改革委员会和国家工业和信息化部分别公布了2007年和2008年应予淘汰落后水泥产能的企业名单和淘汰方式。其中2007年关停企业名单中涉及1066家企业，1474条生产线，关停产能约5000万t；2008年关停企业名单中有683家企业，946条生产线。大多数关闭的生产线均为机立窑，也包括少数湿法窑和中空窑。从实际关停情况来看，2007年关停落后水泥产能5200万t，超出了预定目标。同时，新型干法水泥所占比例进一步扩大，由2005年的45%上升到2008年的62%。

5.3.3 政策实施对二恶英类减排的影响

由世界可持续发展工商理事会（World Business Council for Sustainable Development）支持，Karstensen对水泥行业二恶英类的形成和排放进行了详细研究，同时也回顾了一些国家对水泥行业二恶英类排放量的估算。其研究分析了2200个关于水泥工业二恶英类的排放浓度。已有研究显示，影响水泥工业二恶英类形成的主要因素是原料中的有机物质和除尘装置的温度；添加废弃物替代部分燃料并不是其形成的重要影响因素。新型干法窑可以满足排放（标态）0.1ng I-TEQ/m^3 的要求。通过对8个水泥企业所分析的500个二恶英类烟气样显示，平均二恶英类的排放浓度（标态）为0.021ng I-TEQ/m^3，该浓度较为合理地体现了现代干法技术的二恶英类排放水平。然而，对于立窑的研究很少，Karstensen 对中国立窑的发展情况和污染物进行分析时，也提出立窑还没有二恶英类排放研究数据报道。UNEP《工具包》建议立窑和旧式湿法窑（电除尘运行温度大于300℃）二恶英大气排放因子为 5.0μg I-TEQ/t（水泥），而如果湿法窑除尘器运行温度在 200～300℃之间，可以采用 0.6μg I-TEQ/t（水泥）的排放因子。对于除尘器运行温度低于 200℃的大型现代水泥厂可以采用 0.05μg I-TEQ/t（水泥）的排放因子进行估算。

尽管对立窑研究很少，但从 UNEP《工具包》所建议的排放因子表明落后立窑技术所排放的二恶英要远大于现代新型干法窑工艺。新型干法工艺规模大、运行平稳、运行参数和设定值更为接近、除尘设备效率高，因此所排放的二恶英较少。可见，使用新型干法技术取代落后立窑生产能较大程度地减少水泥工业二恶英类的排放。

考虑到我国关停的小水泥大多数是立窑，因此采用排放因子 5.0μg I-TEQ/t（水泥）估算节能减排的成效。按照 2007 年的实际关停产能 5200 万 t 计算，2007 年由于淘汰落后水泥产能减少二恶英类排放为 260g I-TEQ。若 2007～2008 年 1.36 亿 t 和 2009～2010 年淘汰 1.48 亿 t 落后水泥产能目标实现，将分别减少二恶英类排放 680g I-TEQ 和 740g I-TEQ。

5.4 节能减排政策对钢铁行业二恶英类减排的影响

5.4.1 钢铁行业的发展概况

从 1996 年起，中国成为了世界上最大的钢铁生产国。2007 年，中国粗钢和生铁的产量达到 4.69 亿 t 和 4.89 亿 t，分别占世界总产量的 49.5% 和 36.4%。2000～2005 年间，世界钢产量增长的 78% 来自中国。

钢铁工业的能耗占世界工业总能耗的 19%，大约有 25% 的工业二氧化碳排放来自该部门。在中国，钢铁是最大的能源消耗部门，约占全国能源消耗总量的15%。尽管在过去的十多年钢铁行业的能效得到很大程度的提高，但吨钢生产能耗比发达国家仍高20%。由钢铁生产带来的污染问题也十分严重，钢铁行业工业增加值在为GDP贡献3.14%的同时，排放的工业废水、工业粉尘和SO_2却占全国工业污染物排放总量的10%、15%和10%。每生产1t钢材，中国钢铁部门产生的颗粒物排放是美国的20倍，产生的NO_x和SO_2排放是美国的3~5倍。

5.4.2 淘汰小型炼铁、炼钢炉的节能减排政策

落后小产能的大量存在是引起中国钢铁行业低能源利用效率、高污染排放的主要原因。因此，淘汰落后钢铁产能有利于节约能源资源和污染排放，有利于优化钢铁工业布局和产品结构，有利于缓解钢铁产能过剩的矛盾。

“十一五”期间，国家对落后钢铁产能淘汰的政策开始于2006年，国务院8个部门联合发布了《关于钢铁工业控制总量淘汰落后加快结构调整的通知》（发改工业［2006］1084号）。通知要求严格控制钢铁工业新增产能，加快淘汰落后生产能力，2007年前重点淘汰对象是200m^3及以下高炉、20t及以下转炉和电炉的落后能力；2010年前淘汰300m^3及以下高炉等其他落后装备的能力。2007年4月，国务院召开了钢铁工业关停和淘汰落后产能工作会议，会议明确了2007年关停和淘汰落后钢铁产能的目标、责任、措施和考核办法。按照总体要求，2007年全国将淘汰落后炼铁能力3000万t，炼钢能力3500万t；2010年前淘汰落后炼铁能力1亿t，炼钢能力5500万t。会上，国家发展和改革委员会同北京、河北、山西、辽宁、江苏、浙江、江西、山东、河南、新疆十个主要产钢省（区、市）人民政府签订了第一批《关停和淘汰落后钢铁生产能力责任书》，关停和淘汰落后炼铁产能3986万t、炼钢产能4167万t。同年12月，国家发展和改革委员会同天津、内蒙古、吉林、黑龙江、安徽、福建、湖北、湖南、广东、广西、重庆、四川、贵州、云南、

陕西、甘肃、青海、宁夏18个省（区、市）及宝钢签订了第二批关停和淘汰落后钢铁产能责任书。两批关停任务见表5-6。

表5-6　关停落后钢铁产能情况统计

项　目	高炉/万t	转炉/万t	电炉/万t
第一批			
2007年淘汰的落后产能	2255	1181	1242
2007~2010年淘汰的落后产能	3986	2825	1342
第二批			
2007年淘汰的落后产能	1401	135	1254
2007~2010年淘汰的落后产能	5206	1711	2249
总　计	12848	5852	6087

通过责任到位、任务到位关停落后产能的方式，钢铁行业的关停计划顺利进行，根据国家发展和改革委员会对第一批签订合同的10个省市地区的调查显示，截至2007年11月底，已关闭落后炼铁产能2940万t，落后炼钢产能1521万t。2007年钢铁行业的能耗同比下降2.64%，吨钢用水量同比下降18.66%。

5.4.3　政策实施对二恶英类减排的影响

钢铁行业已被确定为二恶英的一个非常重要的排放源。其主要的生产环节包括铁矿石烧结、高炉炼铁、转炉炼钢和电弧炉炼废钢。其中铁矿石烧结和以废旧钢料作为原料的电弧炉炼钢被证明是二恶英类排放最为严重的两个环节。在英国，大气中二恶英类排放15%来自钢铁行业。在欧盟，烧结厂被认为是最重要的二恶英类排放工业源。在中国，钢铁生产和烧结是二恶英类排放最大的工业源之一，占金属生产工业排放的57%。UNEP《工具包》对铁矿石烧结和电弧炉炼钢这两个环节产生的二恶英进行综述报道。由于原材料的差异、运行参数的不一以及尾端烟气处理装置的不同，UNEP《工具包》建议烧结过程向大气中排放的二恶英类的排放因子范围为0.3~20μg I-TEQ/t

(烧结矿)；对于使用受污染的、含有切削油和塑料的废钢的电弧炉，以及那些配备废钢预热并且操控较差的电弧炉，建议选用的排放因子为10μg I-TEQ/t（钢水）；如果对废钢的使用有控制，并且有后燃装置和袋式除尘装置的电弧炉建议选用3μg I-TEQ/t（钢水）的排放因子；而对于废钢的质量有严格控制，并且配有二次燃烧和布袋除尘运行高效的电弧炉，排放因子可以选用0.1μg I-TEQ/t（钢水）。相比烧结和电弧炉，高炉和转炉所释放的二恶英类浓度要小很多，一般情况排放值均可满足（标态）0.1ng TEQ/m^3。在我国2007年编写的《国家实施计划》中对2004年二恶英类排放估算时，高炉、转炉和电弧炉分别采用的排放因子为0.01μg I-TEQ/t、0.1μg I-TEQ/t和3μg I-TEQ/t。

目前，我国对于小型的钢铁企业还没有报道二恶英类排放的检测数据。因此，在对高炉、转炉和电弧炉由于关闭落后产能而减少的二恶英类排放进行估算时，采用《国家实施计划》中所使用的排放因子。如果关停计划按照签订责任书进行的话，2007~2010年由于关停高炉、转炉和电弧炉减少的二恶英排放达到113.1g I-TEQ，其中2007年减少76.6g I-TEQ（见表5-7）。

表5-7 关停落后钢铁产能减排的二恶英

分 类	关停产能 /万t	二恶英排放因子 /μg I-TEQ · t^{-1}	二恶英减排量 /g I-TEQ
2007年			
高 炉	3656	0.01	0.4
转 炉	1316	0.1	1.3
电弧炉	2496	3	74.9
全 部			76.6
2007~2010年			
高 炉	9192	0.01	0.9
转 炉	4536	0.1	4.5
电弧炉	3591	3	107.7
总 计			113.1

然而，需要强调的是钢铁行业由于关停落后产能实际带来的二恶英类减排量要大于上述估算结果。一是对关停的电弧炉排放低估造成。关停的电弧炉企业规模均较小，其尾气除尘装置非常简陋，而且在原料的使用中不进行控制，使原料较容易掺杂进一些包含重油、塑料的物质，而这些因素将增大其二恶英类的排放量。实际的排放因子可能远大于国家估算中采用的3μg I-TEQ/t 排放因子。二是对于重点排放源铁矿石烧结没有进行估算。国家在对落后钢铁企业关闭的同时，强调若有与之配套的烧结机等设备也应一并纳入进行淘汰。但由于烧结机关停的数量没有报道，因此其产生的减排效应没有被估算。综合考虑，钢铁行业实际减排量比估算值要大。

5.5 节能减排政策对焦炭行业二恶英类减排的影响

5.5.1 焦炭行业的发展概况

从 20 世纪 90 年代中期，中国的焦炭产量稳居世界第一位。“九五”期间焦炭产量保持着平稳的发展，平均年产量为 1.27 亿 t。“十五”期间，焦炭的产量波动较大，在 2002 年其降低到 1.16 亿 t，为近十几年的最低量。从 2003 年开始，焦炭行业经历了加速的发展，到 2007 年产量达到 3.36 亿 t，占世界焦炭产量的 60%（《中国钢铁工业年鉴》编辑委员会，2009）。“十一五”期间，焦炭行业的发展已经面临严重的产能过剩。

焦炭通常按用途可以分为冶金焦和铸造焦。铸造焦是专用于化铁炉熔铁的焦炭。其作用是熔化炉料并使铁水过热，支撑料柱保持其良好的透气性。冶金焦是高炉焦、铸造焦、铁合金焦和有色金属冶炼用焦的统称。由于 90% 以上的冶金焦均用于高炉炼铁，因此往往把高炉焦称为冶金焦。焦炭在高炉内起到燃料、还原剂、渗碳剂和料柱骨架的作用。世界 80% 左右的焦炭用于炼铁，20% 用于有色金属冶炼、化工等行业。由于钢铁冶炼是最大的焦炭使用者，在除中国外的世界其他主要钢铁生产国家和地区中，焦炭产能的95%分布在钢铁企业内部。所以焦炭生产过程中产生的煤气、余热、焦油等能够在钢铁生产过程中得到充分利用。而我国仅有33%的焦炭生产能力布局在钢铁联合企业内，67%的焦炭生产能力为独立焦化生产企业，集中在煤炭产区，难以实现煤炭资源的综合利用，造成能源的极大浪费。2005年焦化生产直接放散或放空燃烧的焦炉煤气约200亿 m^3。在能源浪费严重的同时，炼焦过程中排放的污染物也是十分严重。2005年，中国炼焦生产过程中外排粉尘约60万t，占全国工业粉尘排放总量的7%；COD排放量约12.5万t，占全国工业废水COD排放总量的2.5%；氨氮排放量约1.9万t，占全国工业废水氨氮排放总量的4.6%。除了上述常规污染物之外，焦化行业排放的PAHs大约占全国总排放量15%～16%，成为PAHs排放的最大工业源。

5.5.2 支持大型机焦、淘汰土焦和小型机焦的节能减排政策

焦炭行业的产业结构调整措施开始于20世纪90年代后期。在此期间国家出台相关政策提出坚决取缔土法炼焦工业设备，并逐步关停工业落后、污染严重的小型机焦炉，鼓励建设大型机焦炉和大型焦炭生产基地。和其他产业相类似，2002年后半年开始的经济复苏，促使焦炭价格大幅上涨，高额利润促使民间资本大量流入焦炭行业，违规建设、违规生产现象大面积存在。作为最大的焦炭产地山西，据环保局提供的数据显示，2004年年底山西已建和在建的焦化项目共有683个，其中有512个属于违规上马，90%未经过环境评价，80%以上的焦化厂未经批准。而不符合规定的小机焦带来的污染是十分严重的。表5-8是焦化行业不同炉型大气污染物排放系数的汇总。

表 5-8 焦炭行业不同炉型大气污染物排放系数汇总

项 目	清洁型热回收焦炉 /kg · t^{-1}	大机焦 /kg · t^{-1}	小机焦 /kg · t^{-1}	改良焦 /kg · t^{-1}	土焦 /kg · t^{-1}
BaP	0.00013	0.001	0.0015	0.0029	0.034
SO_2	0.59	0.2	1.936	1.53	3.41
颗粒物	0.56	1.84	4.15	4.53	6.31

注：数据来源于曹海霞，2005。

考虑到小机焦等落后设施的死灰复燃及其带来的严重污染，从2004年开始，国家出台更为严格的政策控制其盲目扩张。国家发展和改革委员会联合8个部门制定了《印发关于清理规范焦炭行业的若干意见的紧急通知》，要求各地政府对焦炭生产企业和建设项目进行全面清理和规范。随后，国家发展和改革委员会发布了《焦化行业准入条件》（国家发展和改革委员会公告2004年第76号），对焦化企业的生产布局、工艺和设备、主要产品质量、资源能源消耗及副产品综合利用、环境指标和清洁生产以及监督和管理等各个方面都作了明确的界定，新建和改扩建项目必须符合上述准入条件。2005年，《钢铁产业发展政策》中要求焦炉的炭化室高度达到6m及以上，必须同步配套干熄焦装置并匹配收尘装置和焦炉煤气脱硫装置。为了加快焦化行业结构调整的步伐，进一步贯彻落实2006年提出的《关于加快推进产能过剩行业结构调整的通知》，国家发展和改革委员会于2006年发布了《关于加快焦化行业结构调整的指导意见的通知》（发改产业[2006]328号），强调了焦化行业结构调整的指导原则和目标，提出了彻底淘汰土焦、改良焦，2007年底淘汰炭化室高度小于4.3m的焦炉等多项目标。

为落实上述产业政策，国家发展和改革委员会在2007年分两批公布了《焦化行业淘汰落后产能名单》（国家发展和改革委员会公告2007年第69号，国家发展和改革委员会公告2007年第94号）。2008年工业和信息化部公布了《2008年焦化行业淘汰落后生产能力企业名单（第三批）》（工业和信息化部公告产业[2008]第8号）。2009年，工业和信息化部又公布了《2009年焦化行业淘汰落后生产能力企业名单（第四批）》（工业和信息化部公告产业[2009]第69号）。淘汰窑型以小机焦为主，也包括部分土焦、蓝炭生产，见表5-9。图5-5所示为各省（自治区）2007～2009年关停炼焦产能的情况。从图5-5中可以看出，就小机焦而言，2007年和2008年关停以山西、陕西、河北最多，其中2008年山西关停的机焦产量占全国的55%。而2009年山西关停量已降低很多，内蒙古成为机焦关停最多的地区。就土焦、蓝炭的关停来看，以陕西、内蒙古和贵州最多，而名单中没有山西的土焦企业。这主要是由于山西尽管违建小机焦居多，但是从2004年其土焦、蓝炭生产已明显降低，图5-6显示为山西省机焦比例在2007年已由2000年的39%上升到97%。

表5-9 关停落后焦化企业情况表

年份	关停的焦化企业					
	关停的小机焦			关停的土焦、蓝炭、改良焦		
	企业数	炉数	产能/万t	企业数	炉数	产能/万t
2007（第一批）	69	99	1075.9	228	327	929.5
2007（第二批）	60	76	815.0	86	137	448.0
2008	176	216	3054.0	125	125	637.9
2009	94	284	1809.0	9	18	44.8

5.5.3 政策实施对二恶英类减排的影响

焦化行业二恶英类的排放报道较少。有限的数据显示，炼焦过程中二恶英的产生可能主要来源于装煤、推焦和熄焦这3个环节。Bremmer等人对一个产能67万t的焦化厂进行检测，其熄焦塔所排放的二恶英类浓度为0.15ng I-TEQ/m^3。UNEP

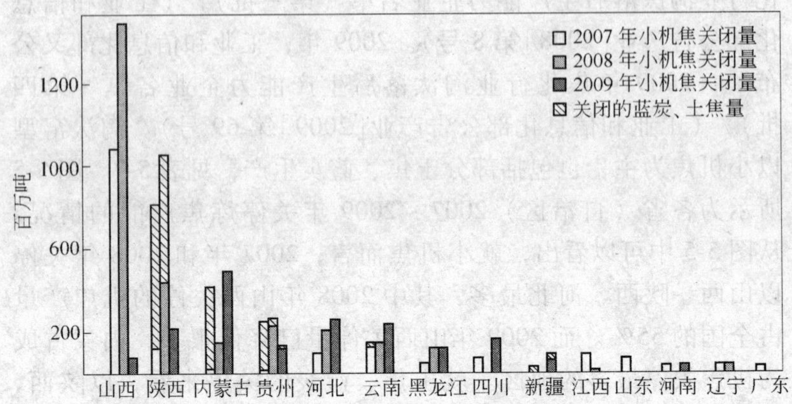

图 5-5　2007～2009 年各省（自治区）关停炼焦产能情况

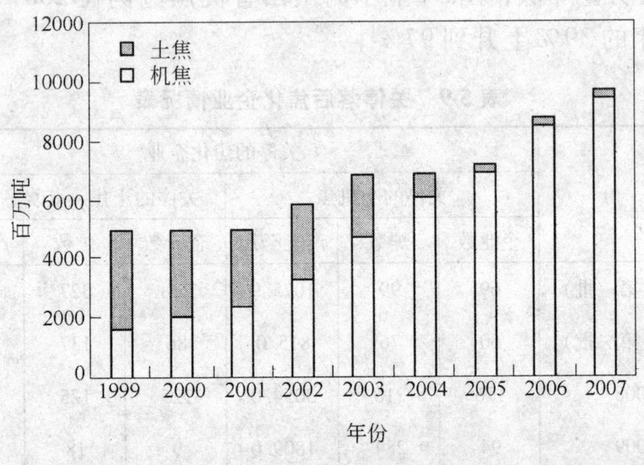

图 5-6　山西省炼焦行业机焦和土焦生产量

《工具包》建议对于配有尾气处理装置的现代焦化企业，二恶英类的排放因子可以选用 0. 3μg I-TEQ/t（焦炭）；对于没有尾气处理装置的焦化厂，二恶英类的排放因子可以选用 3μg I-TEQ/t（焦炭）。Liu 等人证实采用不同炼焦技术和不同尾气处理装置的炼焦企业二恶英类排放有很大差别。该研究表明，对一个年产

20 万 t 的焦化企业的装煤和推焦两个环节经除尘后产生的烟气进行检测，二恶英类的排放浓度（标态）为 1697.7pg WHO-TEQ/m^3；一个年产 177 万 t 配有干法熄焦、热回收装置和布袋除尘的企业，推焦过程产能的二恶英类排放浓度仅为（标态）1.2pg WHO-TEQ/m^3；另一个年产 51.2 万 t 的焦化企业，经过布袋除尘推煤过程产生的二恶英类排放为 55.2pg WHO-TEQ/m^3。Liu 等人对 8 个焦化厂所排放的非有意产生的持久性有机污染物进行了报道，包括二恶英类、多氯联苯、六氯苯和五氯苯。调查的 8 个焦化企业均为大型炼焦企业，年生产能力从 60 万 t 到 240 万 t，焦炉高度均大于等于 4.3m。数据显示，在装煤过程中平均二恶英类排放因子为 15.8ng I-TEQ/t（焦炭），推焦过程中的排放因子为 8.6ng I-TEQ/t（焦炭）。该数据要显著小于其他报道的数据，也表明大型炼焦企业二恶英类排放浓度较低。但是该文章没有对熄焦过程进行报道。综上分析，由于研究数据的限制，对炼焦过程产生的二恶英类进行估算有很大的不确定性。

通过对焦化行业淘汰落后生产能力企业名单中提供的数据进行分析，发现淘汰的小机焦平均规模为 12.6 万 t，而淘汰的土焦、蓝炭等生产规模为 3.4 万 t。基于其生产能力，淘汰的小机焦产能和 Liu 等人报道的一个年产 20t 的企业更接近。因此，对淘汰的小机焦所减排的二恶英类进行估算时采取（标态）1697.7pg WHO-TEQ/m^3 排放浓度，大约为排放因子 1.42μg I-TEQ/t（焦炭）。而淘汰的土焦、蓝炭、改良焦的生产能力很小，因此，没有能力配套环保设施。对这类排放进行估算时，采用 UNEP《工具包》提供的排放因子 3μg I-TEQ/t（焦炭）。

按照上述排放因子的选取，若关停计划按照《焦化行业淘汰落后生产能力企业名单》中提供的数据关闭，2007 年、2008 年和 2009 年关闭落后焦炭产能减少二恶英类排放分别为 68g I-TEQ、62g I-TEQ 和 27g I-TEQ（见表 5-10）。

表 5-10 关停落后焦化企业减排的二恶英

年份	关停的小机焦		关停的土焦、蓝炭、改良焦		总体减少的排放量 /g I-TEQ · a^{-1}
	关停产能 /万 t	减少的二恶英排放/g I-TEQ · a^{-1}	关停产能 /万 t	减少的二恶英排放/g I-TEQ · a^{-1}	
2007	1890.9	27	1377.5	41	68
2008	3054.0	43	637.9	19	62
2009	1809.0	26	44.8	1	27
共计	6753.9	96	2060.2	61	157

在“十一五”期间，中国在节能减排方面取得了显著的成绩。通过关闭落后产能、提高先进技术的应用，在削减能源消耗和常规污染物排放的同时，也有效地推进了上述重点行业的二恶英类减排。

2006 年、2007 年和 2008 年，电力行业由于关闭落后机组带来的二恶英类减排分别为 8g I-TEQ、36g I-TEQ 和 42g I-TEQ。若 5000 万 kW 关停目标实现，共可减少二恶英类排放 126g I-TEQ。水泥行业关闭落后产能带来的二恶英类减排量最为显著。2007 年关停落后产能可减少二恶英类排放 260g I-TEQ；2007 ~ 2010 年间将有 1420g I-TEQ 二恶英类由于水泥行业关停落后产能而减排。2007 ~ 2010 年关停落后钢铁产能将减少二恶英类排放约 113.1g I-TEQ。2007 ~ 2009 年关闭落后焦炭生产，将减少 157g I-TEQ 二恶英类排放。

由于我国还没有建立二恶英类的年排放清单，因此，不能估计上述各行业由于关停落后产能带来的减排量在行业二恶英类排放中的占比。仅能与 2004 年我国二恶英类排放估算清单进行粗略的比较。在 2004 年我国二恶英类排放估算清单中，化石燃料电厂、水泥生产、钢铁冶炼和焦炭生产排放到大气中的二恶英类物质分别为 248.4g I-TEQ、365.3g I-TEQ、150.9g I-TEQ 和 239.2g I-TEQ，2007 年关停落后产能带来的大气中二恶英类的减排量占 2004 年行业排放量的 14%、71%、51% 和 28%。占比较大主要是由于估算时所取排放因子的不同而造成。由于2004年的估算并没有针对落后产能进行特殊考虑，而是取行业平均因子进行估算，因此在计算时选取的排放因子较本研究低，尤其是水泥生产过程。但也可以从对比中更加清楚地认识到落后产能二恶英类排放的严重性及减排的重要性。

除了上述提到的重点工业部门，关闭落后产能还涉及到电解铝、铁合金、造纸等行业。由于二恶英类物质在这些工业热过程和化学生产中也能产生，因此这些工业部门淘汰落后产能也会减少二恶英类的排放。

尽管淘汰落后产能所减少的二恶英类排放是显著的，但是由于我国这些行业产量仍在上升，因此，还不能得出总体排放量降低的结论。但2007年以来，这些高耗能行业由于面临产能过剩的问题，增长速度趋于平稳，且采用先进技术的规模化生产比重增加，大型化代替小型落后产能的趋势已经势不可挡。而这些先进设备所排放的二恶英类物质仅为落后产能的1/10甚至1/100，将大大降低整体排放量。我国政府对节能减排政策执行的决心之大、态度之坚决前所未有，关停落后产能、推动节能工程将持续进行。近期国务院又印发了《2009年节能减排工作安排》（国发办［2009］48号），工业和信息化部将淘汰的落后产能任务按照行业和地区进行了分解，明确了淘汰目标。中央财政对节能减排也给予了逐渐加大力度的支持，中央财政共安排节能减排专项资金从2007年235亿元提高到2008年的270亿元、2009年的495亿元。其中2007～2009年，中央财政共安排了155亿元资金，通过转移支付的方式支持经济欠发达地区淘汰落后产能。因此，目前当我国二恶英类排放标准和控制政策还没有在大多数行业建立时，以节能减排为主要目的的产业结构调整政策是控制二恶英类排放、履行《斯德哥尔摩公约》的有效手段。

6 二恶英类减排方案的评价及对减排优先性的影响

****

6.1 二恶英类减排方案评价的重要性

二恶英类减排目标的实现需要在政策约束或引导下，采取合适的方案，对二恶英排放源进行控制。政府在决定减排方案时需要考虑以下几个方面的内容：

（1）如何在行业间配置资源。由于资源的有限性，在资源投入时需要确定不同行业资源投入的优先顺序和比例，需要从全局的角度出发使有限的资源产生更大的效益。

（2）如何在行业内部配置资源。行业内部由于企业规模的差别、技术水平的差异，有限的资源投入对不同的企业产生的效益是大相径庭。因此，站在行业的角度也需要确定资源投入的优先顺序。

（3）如何确定最佳可行技术。若干同类环境技术存在时，当政府向企业推荐最佳可行技术时，需要对技术进行评价、筛选，以及进行优先次序的区分，确定其中的最佳可行技术。

可见，对减排方案进行评价对促进理性决策将起到重要作用。

6.2 评价二恶英类减排方案的方法

6.2.1 费用效益法

费用-效益分析（Cost-Benefit Analysis，简称 CBA）通过比较项目寿命期内所有投入费用与产生效益来判断项目的可行性。

该方法要求费用和效益均以货币数量单位来表示。当对污染物控制方案进行评价时，费用是指方案的投资费用和运行费用，效益包括通过实施污染物控制方案而减少环境破坏和污染引起的经济损失，以及由此提高资源利用率和增加物质产生所带来的效益。此方法通常用净效益（净效益 = 总效益 - 总费用）或效益费用比（效益费用比 = 总效益/总费用）两种方式来评价拟议中的方案是否值得执行，如果净效益大于零，证明是可行的。多方案进行比较，取净效益大的为宜。

自从 20 世纪 30 年代，美国政府开始将 CBA 应用到洪水控制计划的评估中，这种方法已经成为政府各部门偏爱的政策分析方法之一。应用 CBA 对环境保护的项目进行评估时，通常用支付意愿调查、替代市场等方法对项目产生的效益如提高人们的健康水平、挽救生命、改善环境等进行效益的估算。但是由于效益的范围和体现形式往往很难界定，因此，对效益的评估有很大的不确定性，常使得一些隐性的效益不能完全反映，使得项目常由于效益费用比值低而被放弃。有些学者也对使用 CBA 方法评价环境项目有很大的质疑。Fuster 曾对西班牙的塔拉戈纳省地区采取控制二恶英的项目应用 CBA 进行了评价，评价中的效益来自于二恶英排放的减少导致癌症发生率的降低而产生的效益，用统计学上的生命价值来表示效益。结果发现产生的最大效益要小于最低成本，评价结果为项目不可行，建议评价时结合其他社会因素进行综合考虑。可见，CBA 方法在评价该类污染物减排项目的成本与效益时有其自身的缺陷。

6.2.2 费用效果法

费用-效果分析（Cost-Effectiveness Analysis，简称 CEA）是指在明确的目标前提下，通过费用与其达到的物理指标效果进行比较，从多种方案中选出最经济的路径来实现确定的计划目标。CEA 方法在评价方案时可以在效果确定的情况下，从中选择费用最小的方案，或在给定费用前提下选择效果最好的方案，也可以通过投入的成本相对于目标实现程度的比值（C/E 比），来排列各个备选方案的优先顺序。

CEA 方法在分析环境项目时是以污染物减少的效果，相对较为精确的数值作为衡量指标，因此，被更多地采纳。其中对效果的评价常用的指标是减少的污染物排放量，通过费用-效果比可以了解该方案单位污染物减排的费用；也有选用挽救的生命年作为效果指标进行分析，计算每挽回一个生命年所需费用；也有选用减少的污染物摄入量，计算减少单位摄入量需要的费用。当多种方案组合时，可以通过 $\Delta C/\Delta E$ 分析在一种方案的基础上实施另一种方案的增量减排费用与效果，比值越小，表明增加 1 个单位效果所需追加的成本越低，方案的实际意义也越大。

CEA 方法无须分析环境治理的效益，避开了环境治理无形效益难以货币化的问题，因此在环境项目的评价中常被使用。Gorlach 等人在文章中回顾了欧盟近年用 CEA 法评价环境政策及环境技术的 26 篇报告。Kishimoto 等人用 CEA 法分析了日本减少城市固体废物焚烧行业二恶英类物质的费用及其效果。新西兰环境部和英国环境、食品及农村事务部对国家控制二恶英的方案进行经济评估时均采用 CEA 方法。黄渝祥和刘俊利用 CEA 法对我国大气污染防治项目进行了分析。

尽管 CEA 方法在分析环境项目时有其优势，但也存在着局限：一是 CEA 方法不能比较具有不同目标的项目，至少要有两个以上的具有共同目标的备选方案方能运用；二是 CEA 方法可以选择最佳的方案，但由于缺乏相应的效益计算，无法判断该方案是否值得采用。

6.2.3 其他评价方法

6.2.3.1 德尔菲法

德尔菲法是由美国兰德公司（Rand Corporation）提出的一种专家调查法。它是由组织者就拟定的问题设计调查表，通过函件、电话、电子邮件等方式分别向选定的专家成员征询调查。按照规定程序，专家组成员之间通过组织者的反馈材料匿名地交流意见，通过几轮征询和反馈，专家们的意见逐渐集中，最后获得具有统计意义的判断结果。

6.2.3.2 层次分析法

层次分析法是美国匹兹堡大学 T. L. Saaty 教授在 20 世纪 70 年代提出的一种用于解决多目标复杂问题的定性与定量相结合的决策分析方法，基本思想是：根据问题的性质和要达到的目标，将问题分解成不同的组成因素，按照各因子之间的相互影响和隶属关系将其分层，形成一个有层次结构的模型，该层次结构包括目标层、准则层和方案层；然后，对模型中每一层次因子的相对重要性，依据人们对客观现实的判断给予定量表示，再利用数学方法确定每一层次全部因子相对重要性的权重值；最后通过综合计算各层次的组合权重值，得到方案层相对于总目标的排序权重值，以此作为方案选择的依据。

6.2.3.3 模糊评价法

模糊评价法是在综合考虑评判对象的各项指标，兼顾评判对象各种特性、各方面因素的基础上，将各项指标进行量化处理，并根据不同指标对评判对象影响程度的大小而分配以适当的权重值，从而对各评判对象给出一个定量的宏观综合评价指标，通过对综合评价指标的比较选出最佳方案。

在对项目进行评价时，德尔菲法仅是做定性分析，往往要和其他方法结合使用。国内研究者曾使用层次分析结合专家打分法对 POPs 处置技术进行评价。赵娜娜等对 POPs 处置技术从经济指标、环境指标和技术指标 3 个影响因素建立递阶层次结构模型，每个指标又细分为若干个子准则，根据模型及评价指标体系设计专家咨询表，发放给 POPs 领域相关专家打分，利用 matlab 对评价结果进行数值分析，得到所评价的 9 种处置技术的总权重，通过分值高低判断最优技术。邢颖也利用层次分析法和专家打分相结合的方式对多氯联苯的三种处置技术焚烧、水泥窑和安全填埋进行了技术优选。层次分析法是根据每一层次中各有关元素针对上一层次中的某元素的相对重要性的状况，构造两两比较的判断矩阵。而判断矩阵的数值是根据资料、专家意见和分析者的认识，加以平衡后给出的，可能会产生多样性和片面性，使得构造的每一个判断矩阵都严格意义上合理是不可能的，特别是方案多、因素多的问题更是如此。因此，对多方案、多因素方案进行判断时，可以结合模糊评价法，进行基于层次分析的模糊综合评价方法对各方案进行评估。在环境领域应用模糊综合评价法最多的是对脱硫技术的评价，王书肖、钟毅和李友平等人均是采用模糊综合评价的方法对燃煤电厂烟气脱硫技术进行评价。

综合来看，CEA 方法在较大的尺度上进行资源配置时，可以简单、清晰地对采取的方案从经济—效果两个尺度进行评价，以判断方案的优先顺序。但是对于一些微观的方案，需要从多个角度，细致比较各因素的影响来综合判断其效果时，CEA 方法显然不适用这样的情况，而综合模糊评价法即可以对多个性能指标做综合评价。因此，在应用评价方法时需要结合具体的评价目标来确定评价方法。

6.3　国外二恶英类减排方案的评价及对减排优先性的影响

英国和新西兰使用 CEA 评价方法对本国的二恶英减排方案进行了比较，通过评价绘制了费用—效果曲线，来判断各减排方案执行的优先顺序，为选择最经济的减排路径提供了参考。

6.3.1　英国二恶英类减排方案评价方法

英国 1990 ~ 1999 年期间，排放到大气中二恶英已经减少了 70%。在此期间，最大的二恶英排放源垃圾焚烧得到了较大程度的控制。为了进一步以最优化的方式控制二恶英，并提供决策者可靠的信息，英国环境、食品及农村事务部（Department for Environment，Food and Rural Affairs，简称 DEFRA）委派 Entec 环境咨询公司完成了英国二恶英减排的费用曲线分析工作。经归纳总结，其评价过程包括以下几个部分：

（1）选定研究基准年份并划分二恶英产生源。选取 2000 年为基准年，英国国家大气排放清单提供了该年英国二恶英排放情况，经校正后 2000 年的二恶英排放量为 275.7g TEQ。为了更有效地建立费用清单，根据是否有相似的二恶英产生过程、控制措施等条件，将所有排放源划分成 15 类，产生的二恶英占到国家总量的 98%（见表 6-1）。

表 6-1 英国二恶英类排放源

排 放 源	BAU 措施	Beyond BAU 措施
意外火灾①		√√√
钢铁行业	√	√√
小范围不受控的废物焚烧		√
其他工业燃烧源	√√√	√
废物焚烧行业		
有色金属行业	√	
火 化		
电 厂	√	√
公共部门取暖燃烧源		
炼油行业燃烧源		
家庭燃烧源	√	√√√
农业焚烧源		
野外火灾②		√
道路交通	√√	
水泥行业	√	

注：√表示采取了一类措施；√√表示采取了两类措施；√√√表示采取了三类措施。

①指主要发生在建筑物中、机动车辆，和外部堆放的废物中，需要消防队员参与进行灭火的源。

②指主要发生在森林和荒野，包括林业工作人员通过燃烧清理原木、烟头造成的意外火灾、恶意纵火、天气干燥由太阳光引起的自然火灾等。

（2）识别政策。包括直接针对二恶英减排的政策和间接影响到二恶英减排的政策。对政策的识别包括分析相关政策的条文细节，尤其是了解其中规定的污染物排放限值和减少的标准。英国大气污染政策要求的关键是利用 BAT 减少污染物的排放。

（3）确定各类源的二恶英减排措施。首先需要尽可能地识别减少二恶英排放的措施，再结合排放源的现有情况挑选出可适用的措施，措施要能满足排放标准，而且技术可靠，并可以在一定规模范围普遍使用。该过程将措施分为两大类，一类是常规措施（Business as usual，简称 BAU），这类措施主要受上述政策要求必须采取。另一类措施为超常规措施（Beyond BAU），这类措施可以在前一类措施的基础上进一步降低二恶英的排放，但这类措施不受国家目前政策强制要求，大多为企业自愿采用来改善环境状况、节约成本或提高竞争优势。再根据各排放源的实际情况及技术的可行性，选取可行的 BAU 措施和 Beyond BAU 措施。在本案例中，最终确定 10 项可行的二恶英减排的 BAU 措施，作用于 7 个排放源，12 项 Beyond BAU 措施，作用于 7 个排放源（采取措施的排放源见表 6-1）。表 6-1 中的一些排放源没有提出进一步减排的措施，主要是由于前期排放量已经得到很大程度的控制，排放占比较低。

（4）确定排放源在采取上述措施时产生的减排效果及费用。计算单位系统应用该措施的效果和费用，并根据该措施的采用率，计算该类源的总体减排量 ΔE 和所需年化费用（C）。

$$\Delta E = (a - b/a) \times c/100 \times d$$

式中　a——采取措施前的排放浓度；

b——措施采取后的排放浓度；

c——该措施在其控制的排放源将被采纳的比例；

d——采取措施前该排放源的排放量。

C 包括该项措施的固定投资年化成本加上年运行成本。所需年化费用－减排效果比值（Unit Abatement Cost，简称 UAC）即某类污染源采取某项减排措施的单位效果减排费用＝$C/\Delta E$。

表6-2列出了10项二恶英减排的BAU措施可带来的二恶英减排效果ΔE、措施年化费用C和单位效果减排费用UAC。这些措施每减少1g TEQ二恶英花费17万~600万英镑。表6-3列出Beyond BAU措施的减排效果及费用，由于其中3个措施的单位减排费用远高于其他，因此最终确定9项。这些措施每减少1g TEQ二恶英花费17万~600万英镑。

表6-2 英国采用BAU措施减排大气中二恶英的费用及效果

编号	排放源	BAU措施	ΔE/mg TEQ·a^{-1}	C/£ k·a^{-1}①	UAC/£ k mg^{-1} TEQ	全国二恶英排放/g TEQ·a^{-1}	年累积费用/£ M
1	电厂	安装烟气脱硫装置、关闭部分排放源	5550	—②	0.00	270.1	0.0
2	家庭燃烧源	提高能效，减少燃料的使用	4520	—③	0.00	265.6	0.0
3	其他工业燃烧源	提高能效，节能	1250	—③	0.00	264.4	0.0
4	道路交通	逐渐替换汽油车辆满足欧IV标准	1200	—②	0.00	263.2	0.0
5	道路交通	逐渐替换柴油车辆满足欧IV标准	120	—②	0.00	263.0	0.0
6	钢铁行业	烧结段添加尿素	12090	850	0.07	250.9	0.8
7	有色金属行业	催化布袋过滤系统	9250	3610	0.39	241.7	4.5
8	水泥行业	安装布袋除尘（其中五家需要安装，其余已经满足排放要求）	2400	1010	0.42	239.3	5.5

续表 6-2

编号	排放源	BAU 措施	ΔE/mg TEQ·a⁻¹	C/£ k·a⁻¹①	UAC/£ k mg⁻¹ TEQ	全国二恶英排放/g TEQ·a⁻¹	年累积费用/£ M
9	其他工业燃烧源	针对受污染、处理过的木材采取填埋代替燃烧	14300	8870	0.62	225.0	14.3
10	其他工业燃烧源	将废油送到大型或特殊的焚烧厂处置	120	265	2.30	224.9	14.6

①£ 为英镑，2003 年 1£ 约为 14RMB。

②表示该措施的采取主要控制其他污染物，但可以协同控制二恶英，因此控制二恶英的费用为零。

③表示措施的采取主要是为了减少能源的消耗，但可以协同减少二恶英的排放，因此控制二恶英的费用为零。

数据来源：文献 Entec UK Limited（2003）的 Table 3.1。

（5）绘制二恶英减排的总费用曲线。将 BAU 措施和 Beyond BAU 措施分别按照每项措施的单位效果减排费用由低到高排列（见表 6-2、表 6-3）。采取措施前的排放量和 ΔE 的差值即为采取措施后全国二恶英的排放。年累积费用为 C 的累加量。表 6-2 和表 6-3 显示，随着新措施的不断出台，二恶英的年排放量逐渐减少，所需减排费用逐渐增加，当减少到一定程度时，较少的减排需要消耗更高的资金。以全国二恶英排放量为横坐标，以累积每年费用为纵坐标，绘制出二恶英减排费用曲线，见图 6-1。

表 6-3 英国利用超常规措施减排大气中二恶英的费用及效果

编号	排放源	Beyond BAU 措施	ΔE/mg TEQ·a⁻¹	C/£ k·a⁻¹	UAC/£ k mg⁻¹ TEQ	全国二恶英排放/g TEQ·a⁻¹	年累积费用/£ M
1	钢铁行业	电弧炉除尘系统中喷入褐煤粉末吸附二恶英	11330	1880	0.17	213.5	16.5

续表 6-3

编号	排放源	Beyond BAU 措施	ΔE/mg TEQ·a^{-1}	C/£ k·a^{-1}	UAC/£ k mg^{-1} TEQ	全国二恶英排放/g TEQ·a^{-1}	年累积费用 /£ M
2	小范围不受控的废物焚烧	教育宣传废物焚烧的最佳实践方式，如避免燃烧塑料制品、燃烧设施及时清灰，保持空气流动等	1750	500	0.29	211.8	17.0
3	家庭燃烧源	燃烧最佳实践方式的教育宣传	240	100	0.42	211.5	17.1
4	其他工业燃烧源	使用天然气替代固体或液体燃料	4420	2070	0.47	207.1	19.1
5	意外失火	火灾的预防教育	3240	2060	0.64	203.9	21.2
6	钢铁行业	除尘系统采用金属丝网过滤系统加活性炭喷入	9680	6820	0.70	194.2	28.0
7	野外火灾	通过教育宣传阻止火灾发生	580	500	0.86	193.6	28.5
8	电厂	在烟气除尘系统注入褐煤焦炭粉末吸附二恶英	3260	6480	1.99	190.4	35.0
9	意外失火	安装家用烟气报警器	2900	17440	6.02	187.5	52.4

数据来源：文献 Entec UK Limited（2003）的 Table 3.1。

报告中指出了二恶英减排费用曲线的绘制较其他空气污染物如 SO_2、NO_x 和颗粒物的减排费用有更大的不确定性。这是由于一些排放源，尤其是意外失火、小范围不受控的废物焚烧源

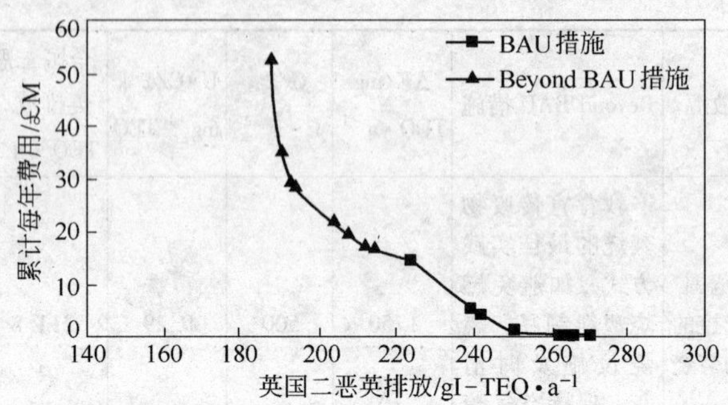

图 6-1 英国二恶英减排量及费用曲线

数据来源：文献 Entec UK Limited（2003）的 Figure 3. 1。

和有色金属行业，排放的二恶英量有很大的不确定性所造成。但是通过二恶英减排的总费用曲线可以清楚地看出大气中二恶英的减少所需要的经济成本变化趋势，这将为政府决策提供很好的参考。通过曲线可以看出，若制订了二恶英减排目标量，即可知道采取哪些措施可以最经济地减排，减排的费用是多少。

6.3.2 新西兰二恶英类减排方案评价方法

新西兰最重要的环境法《资源管理法案 1991》(Resource Management Act 1991)的第 32 项内容规定政策手段的应用要评价其产生的效益和所需的费用,因此其环境部采用 *C/E* 比率,即每减少 1mg TEQ 二恶英需要的费用来评价二恶英的减排技术。通过对其报告内容进行分析,归纳出该研究方法主要包括以下几个部分。

6.3.2.1 排放源的挑选

从主要排放源中挑选了 4 个重要的工业排放源作为研究对象。包括废物焚烧、有色金属铸造、烧柴式锅炉、燃煤式锅炉。

6.3.2.2 细分各个排放源

将各个排放源根据燃料来源和企业规模的不同进行细分。

如废物焚烧源首先依据废物来源分为医疗废物焚烧和城市垃圾焚烧两大类，再根据规模分为大、中、小型。

6.3.2.3　估算各项减排技术的效果和费用

主要包括技术的识别、技术的确定、评价技术的减排效果并计算技术的投资成本和运营成本。

首先针对每种排放源识别其控制二恶英排放的技术。如对医疗废物焚烧源，提出了5种可能应用的技术。包括控制好燃烧过程（Good Combustion Practice，简称GCP）、烟气急冷技术（Rapid Quench，简称Q）、布袋除尘技术（Fabric Filter，简称FF）、喷入活性炭吸附（Carbon Injection，简称C）、催化反应技术（Reheat Catalyst，简称RC）。

方案中评价的技术是建立在已有技术的基础上对进一步可能应用的技术进行评价。因此，该步骤首先需要确定当前规模的排放源已有的控制技术。以中型医疗废物焚烧系统为例，新西兰的中型医疗废物焚烧装置已达到燃烧过程的较好控制，可以该状态为基准点，计算二恶英年排放量。再根据技术组合的不断加强，计算在不同方案下的排放量（见表6-4）。

表6-4　中型医疗废物焚烧装置在不同控制技术下二恶英排放量和技术成本

技术方案	年均排放量 /mg TEQ	固定投资成本 (NZ ＄ 1000s)①		运行成本 /NZ ＄ 1000s · a^{-1}
		已有源	新源	
GCP	200	—	—	—
GCP + Q	55	100	90	60
GCP + Q + FF	21	520	410	160
GCP + Q + FF + C	0.75	610	490	180
GCP + Q + FF + C + RC	0.5	1300	1100	210

①NZ ＄为新西兰货币，2001年1NZ ＄约为3.4RMB。

数据来源：文献Wright等人（2001）的Table 6.1，Table 6.2，Table 6.3。

技术成本的估算主要是分为固定投资成本和年运行费用。表6-4列出了一个中型医疗废物焚烧设施各处理方案的成本。由于技术方案的实施对象包括已有源的改造和新源的建设，因此，表中需要分别考虑其产生的成本。

同理，按照此方法获取其他类型排放源的数据。

6.3.2.4 计算各方案的增量成本和增量处理效果比率

增量成本为相邻方案产生的成本差值。根据表 6-4 计算出各方案的增量投资成本 ΔC_1 和增量运行成本 ΔC_2，再计算其使用寿命内总增量成本现值。计算如下：

$$\Delta PVC = \Delta C_1 + \sum_{t=0}^{n} \frac{\Delta C_2}{(1+r)^t} \tag{6-1}$$

式中 ΔPVC——总增量成本现值；

ΔC_1——各方案的增量固定投资成本；

ΔC_2——每年增量运行成本；

r——贴现率，在本案中取 0.1；

t——时间，a，取 0 ~ 9。

增量处理效果 ΔE 为相邻方案产生的二恶英排放量差值。总增量处理效果 ΔPE 为 t 年内增量处理效果之和，同时也按照 0.1 的折扣率计算每年增量处理效果。

增量成本 - 效果比值（Incremental Cost-Effectiveness Ration, ICER）$= \Delta PVC / \Delta PE$，计算结果见表 6-5。

表 6-5 中型医疗废物焚烧装置采取各方案控制二恶英的增量成本-效果

处理方案	增量固定投资成本 ΔC_1/NZ $ (1000s)		增量运行成本 ΔC_2 /NZ $ 1000s · a^{-1}	增量处理效果 ΔE /mg TEQ · a^{-1}	总增量成本现值 ΔPVC/NZ $ (1000s)		总增量处理效果 ΔPE/mg TEQ	ICER[①]	
	已有源	新源			已有源	新源		已有源	新源
GCP	—	—	—	—	—	—	—	—	—
+ Q	100	90	60	145	505	495	981	515	505
+ FF	420	320	100	34	1096	996	230	4770	4330
+ C	90	80	20	20.25	225.2	215.2	136.8	1650	1570
+ RC	690	610	30	0.25	892.7	812.7	1.69	528000	481000

①ICER 值取三位有效数字。

数据来源：文献 Wright 等人（2003）没有给出 ΔC_1、ΔC_2、ΔE、ΔPVC、ΔPE 值，该值依据报告方法推算得出，ICER 出自文献 Wright 等人（2003）的 Table 6.4。

从表6-5可以看出，方案二引入FF的ICER值要远高于方案三，证明FF+C的方案中FF占成本的主要部分，也可以看出单一使用FF方案的成本-效果要低于FF+C方案，因此在实际方案选择中，将方案二剔除，直接对FF+C的方案做分析。并将已有源和新源数值平均（取两位有效数字）得到该排放源的ICER值（见表6-6）。

表6-6 中型医疗废物焚烧装置控制二恶英方案的ICER值

处理方案	ICER/NZ $·mg^{-1}TEQ（减少）	处理方案	ICER/NZ $·mg^{-1}TEQ（减少）
GCP	—	+FF+C	3500
+Q	510	+RC	5000000

数据来源：据文献Wright等人（2003）的Table 6.5计算得出。

按照上述计算方法，可计算出所有大、中、小三种规模医疗废物焚烧装置的单个排放源的ICER值。

6.3.2.5 计算全国范围内处理方案所带来的效果

上述处理方案带来的效果均是针对单个焚烧系统,但就全国范围考虑,需要估算这些方案的采纳对全国该类源二恶英减排的贡献。因此,要调查了解各类源的数量。还是以中型医疗废物焚烧为例,新西兰目前有两家中型医疗废物焚烧系统,均处于较好燃烧控制状态。技术的采纳在国家范围内起到的减排效果为$2\times\Delta E$。

按照上述方法，可将所有规模的医疗废物焚烧装置基于当前处理水平的增量处理效果及ICER进行计算汇总（见表6-7）。

表6-7 全国不同规模的医疗焚烧装置采用控制二恶英方案后的增量处理效果

方案	小型[①]		中型		大型[②]	
	全国增量处理效果/mg TEQ·a^{-1}	*ICER*/NZ $·mg^{-1} TEQ	全国增量处理效果/mg TEQ·a^{-1}	*ICER*/NZ $·mg^{-1} TEQ	全国增量处理效果/mg TEQ·a^{-1}	*ICER*/NZ $·mg^{-1} TEQ
GCP	870	120	—		—	
+Q	228	3100	290	510	—	

续表 6-7

方案	小型①		中型		大型②	
	全国增量处理效果/mg TEQ · a^{-1}	*ICER*/NZ$ · mg^{-1} TEQ	全国增量处理效果/mg TEQ · a^{-1}	*ICER*/NZ$ · mg^{-1} TEQ	全国增量处理效果/mg TEQ · a^{-1}	*ICER*/NZ$ · mg^{-1} TEQ
+ FF	171	11000	—		—	
+ FF + C	—		108	3500	—	
+ RH	—		0.6	500000	0.5	390000

①表示小型废物焚烧装置采取 FF + C 和 RH 技术成本不在企业承受范围，因此不对这两种方案进行评价；

②表示大型焚烧装置由于当前已采用了烟气急冷措施、布袋除尘和喷入活性炭，因此仅考虑对其增加催化措施带来的效果及成本。

数据来源：文献 Wright 等人（2003）的 Table 11.1，Table 11.2，Table 11.3。

将表 6-7 中的各类型系统对应方案的 *ICER* 值从小到大进行排序，并根据总体增量处理效果计算其累计处理量。结果见表 6-8。根据表中数值画出全国医疗废物焚烧行业累计二恶英年减少量—ICER 的对应关系图（见图 6-2）。从图 6-2 中可以看出，在折线的开始部分，x 轴对应的范围宽而 y 轴对应的数值小，说明在这一阶段可以实现用单位较少的费用处理较大量的二恶英。而随着折线的上升，减少较少的二恶英就需要非常高的单位费用。

表 6-8　全国医疗废物焚烧行业采用不同二恶英控制方案的累计减少量

焚烧规模	方案	*ICER* /NZ$ · mg^{-1} TEQ	全国年减少量 /mg TEQ	全国累计年减少量 /mg TEQ
小型	GCP	120	870	870
中型	Q	510	290	1160
小型	Q	3100	228	1388
中型	FF + C	3500	108	1496
小型	FF	11000	171	1667
大型	RH	390000	0.5	1667.5
中型	RH	500000	0.6	1668.1

数据来源：文献 Wright 等人（2003）的 Table 11.4a。

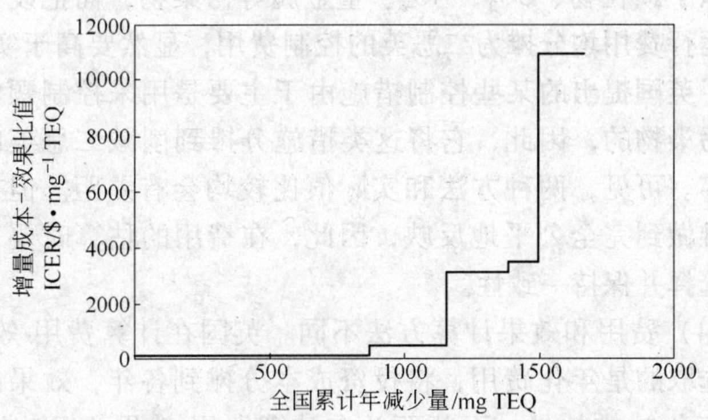

图 6-2 新西兰医疗废物焚烧行业控制二恶英费用效果曲线

数据来源：文献 Wright 等人（2003）的 Figure 11.1a。

6.3.3 两国二恶英类减排方案评价的异同

新西兰和英国在应用 CEA 方法分析二恶英减排方案时有以下几个方面的不同：

（1）系统边界不同。英国二恶英减排费用曲线反映的是国家不同行业范围内减排二恶英的费用-效果关系，对行业间合理配置减排资源提供了优先顺序。新西兰所做的分析尽管是针对国家主要工业排放源，但其在绘制的二恶英减排费用曲线时是主要针对某一类污染源，通过曲线可以清晰了解一个行业如何经济有效地减排二恶英，对行业内部根据企业不同规模合理配置减排资源提供了优先顺序。

（2）减排措施的不同。英国提出上述措施前已经对很多污染源进行了控制，因此报告中的措施除了尾气处理技术外，还包括了一些软措施，即通过教育、宣传活动控制二恶英的排放。新西兰提出的二恶英减排措施更主要集中在尾气末端处理技术。

（3）费用估算的不同。新西兰对二恶英减排措施费用估计明显比实际值高。因为很多末端处理技术在去除二恶英的同时还去除了颗粒物、SO_2、NO_x、重金属等污染物，而把设备的安装、运行费用均分摊为二恶英的控制费用，显然要高于实际值。相反，英国提出的某些控制措施由于主要是用来控制颗粒物等其他污染物的，因此，它将这类措施分摊到削减二恶英的费用设为零。可见，两种方法和实际值比较均会有差距。但在分析时很难做到完全公平地反映，因此，在费用的估算时要表明方法的选择并保持一致性。

（4）费用和效果计算方法不同。英国在计算费用-效果时，费用选取的是年化费用，将投资成本分摊到各年，效果的选取也是年化减排效果。而新西兰在计算费用-效果 *ICER* 比值时，费用是选取单位设备的寿命期限内总成本现值，效果也是选取单位设备的寿命期限内总效果。

（5）曲线绘制指标的选取不同。在横坐标的选取上新西兰是选取二恶英的累计减少量，因此起始点是从零开始，累计减少量逐渐增高；而英国选取二恶英排放量为横坐标，起始点是从 x 轴的最大值开始，排放量逐渐减少。在纵坐标的选取上，新西兰是选用增量费用-效果比，从图中看到随着减排量的增加，单位费用-效果比逐渐上升。而英国选用的是累计年费用为纵坐标，从图上可以了解到总体所需费用。

尽管两国在评价细节上有所不同，但新西兰和英国的评价方法核心均采用 CEA 方法作评价。通过比较单位减排所需费用来判断各项措施哪个更经济，从而绘制减排费用曲线供决策层参考。由于各个国家现有环保治理状况的差别，每减少单位二恶英所消耗的成本有很大的不同。发达国家由于较早采用污染控制设施，他们在此基础上进一步减排单位二恶英的费用要远大于发展中国家。

6.3.4 评价结果对减排优先性的影响

两国二恶英削减费用曲线的绘制均是从效率的角度考虑污染物总量的减排。在各污染源边际治理费用不同的情况下，其分配结果使边际治理费用小的污染源分配到较大的削减量，边际费用大的污染源分配到较小的削减量，因此各污染源分配的削减量是以效率优先来考虑的。如新西兰绘制的医疗废物焚烧二恶英削减费用曲线，告诉我们计划减少二恶英时应从哪个规模的焚烧装置入手，应该采取什么样的方案才能起到效率最高的目的。最经济实用的方法就是先对小型焚烧装置改造，使其达到燃烧过程能够较好地控制，再使部分中型设备实现烟气快速冷却。而如果不按照该图提供的数据，直接对大型焚烧装置采取措施，得到的结果是花费大量费用，但二恶英减排贡献量较少。

该评价方法在其优势背后，也不可避免地存在着局限，一是对减排公平的忽视；二是评价中没有考虑减排方案协同削减其他污染物产生的效果。

6.3.4.1 忽视减排的公平性

政府的环境政策目标一方面是要提高环境资源的配置效率，另一方面还要兼顾政策的公平性。污染物的减排不应该仅建立在高效的基础上，而忽略了公平性问题。由于费用效果曲线仅注重整体的效率，在实践中不可避免地造成污染治理效率高、边际治理费用低、管理得力的排污单位或行业负担更多的削减量，承担更高的治理费用，这样可能会挫伤企业防治污染的积极性，从而导致规划方案难以落实。因此，在实际减排活动中，可以根据各排污单位对环境影响的大小，将公平分配的原则融入到单纯的以效率为主的评估中。

6.3.4.2 仅考虑单一污染物的削减效果

采用某一控制方案或某一污染物处理设施时，污染物的削减存在一定的相关性，即在处理一种污染物的同时，也相应地处理了其他污染物，起到了协同处理的效果。例如，当某一控制技术在削减二恶英的同时，也减少了重金属的排放，但如果把费用均分摊为二恶英的削减费用，效果仅计算二恶英的减排效果而忽略了重金属的减排效果，必然使边际减排费用比实际高。当与其他没有协同效果的方案比较时，上一方案就显现不出其优势。所以，考虑到许多减排方案对污染物的综合控制效果，对效果的评价开始采用多目标污染物减排效果做评价。杜娜和曹东等人针对常规污染物提出了污染物联合削减费用函数，并证明了其应用的可行性。

总体来看，CEA 评价方法有其优劣势，但其对促进理性决策有很好的参照意义。

6.4　对我国二恶英类控制方案评价的启示

我国利用 BAT/BEP 减排二恶英类物质还处于研究阶段，目前削减和控制二恶英类的措施主要是对重点行业展开 BAT/BEP 的企业级示范活动。通过示范，下一步将向重点行业的企业进行广泛推广。这就将涉及采取何种方案在行业间或行业内部进行减排资源的配置。考虑到我国经济还处于发展中国家水平，而且二恶英类控制费用又较高，在配置减排资源时不可能为追求资源的公平配置而削弱对效率的追求，利用资源的高效配置实现减排目标还将是这一阶段的主旋律。因此，通过 CEA 方法评价二恶英控制方案，绘制费用减排曲线对我国减排效率的提高有重要的实际意义。

尽管该方法已在常规污染物减排方案评价中得到较多应用，但对于二恶英控制方案的评价仅见于英国和新西兰的报道。通过对英国案例的分析，我们应考虑在单位边际减排费用不同的情况下，如何权衡行业减排的优先顺序；其提出的多以教育、宣传等方式进行减排的措施也值得我国借鉴。新西兰案例给我们的启发是如何在行业内部实现减排的高效率。以再生铜行业为例，全国 10 万 t 规模的企业仅有两家，而规模年 5000t 以下的企业达到 2000 家，这就需要对行业内部企业划分类别，采取不同的策略进行二恶英类减排，以求资源配置效率最大化。

参考国外的评价方法，提出了采用CEA方法评价二恶英控制方案时可以采取的步骤，整个过程分为七步（见图6-3）。首先需要明确研究目标。在目标确定时关键要考虑研究系统的边界，是针对全国各行业范围还是单一某个行业进行分析。因为边界的不同，选取的策略和估算的精度均有很大差异，其次要对排放源进行划分。如果上述边界确定是全国范围，源的划分一般按行业区分；如果边界确定的是某一行业，对排放源的划分需要进一步按规模、设施的不同进行细化。我国现阶段控制二恶英优先集中在废物焚烧、造纸、钢铁、再生金属、火化、化工6个行业。因此，在评价控制方案时应重点关注这几个行业。第三，对排放源现状进行调查。主要了解其规模、环保设

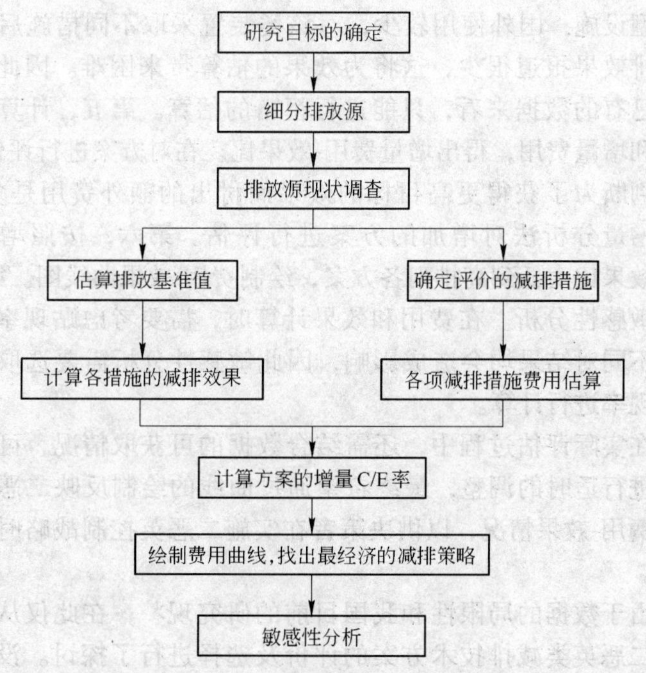

图6-3 利用CEA方法评价我国二恶英控制方案

施水平及采用的核心技术。通过调查结合文献数据，可以估算当前运行情况下二恶英的基线排放值；同时确定所研究的排放源可以采取的二恶英减排措施，可以参照 UNEP 提供的 BAT/BEP 导则。我国自 2006 年按照国家环境保护总局《关于开展全国持久性有机污染物调查的通知》的要求开始对 17 类二恶英重点排放源进行现状调查。目前，已有省、市完成调查并通过考核，建立了排放清单数据库。这些工作将为确定我国基准二恶英排放提供有力的数据支持。第四，计算各方案的减排效果并估算所需费用，一般采取年化效果和年化费用。如果考虑的是全国范围，那么需要根据当前排放源的个数计算总体费用和总体效果。由于我国缺乏二恶英的检测数据，仅个别重点行业的大型企业有二恶英排放的检测数据，因此确定减排效果是该步骤难点所在。尤其是对于一些运行效率低、污染物控制落后的中小型设施，国外使用较少，对该类装置采取不同措施后带来的减排效果报道很少，这将为效果的估算带来困难。因此，就目前已有的数据来看，只能进行粗略的估算。第五，计算增量效果和增量费用，得出增量费用-效果比。在对方案进行评估时，需要判断为了获得更高目标的效果而付出的额外费用是多少，运用增量分析法对增加的方案进行评估。第六，按照增量费用－效果比由低到高排列各方案，绘制费用-效果曲线图。第七，进行敏感性分析。在费用和效果计算时，需要考虑贴现率，取值的不同对结果均会造成影响，因此敏感性分析需要选取不同的贴现率进行计算。

在实际评估过程中，还需结合数据的可获取情况，可以对方案进行适时的调整，最终希望通过曲线的绘制反映二恶英控制的费用-效果情况，以供决策者在实施二恶英控制战略时进行参考。

由于数据的局限性和我国目前的研究现状，在此仅从方法上对二恶英类减排技术方案的评价及选择进行了探讨。没有针对不同排放源在行业水平进行费用-效果实例分析。

6.5 垃圾焚烧发电企业两种二恶英类减排方案的技术经济评价

垃圾焚烧处理由于其垃圾无害化、资源化、减量化处理程度高，被认为是目前垃圾处理的一种高效手段。我国《全国城市生活垃圾处理设施建设“十一五”规划》中指出我国在经济发达、土地资源紧张、生活垃圾热值符合条件的城市，在有效控制二恶英的前提下，可优先发展焚烧处理技术，并计划建设垃圾焚烧厂82座。我国在可再生能源发展计划中也对垃圾焚烧发电做了中长期规划。《可再生能源发展“十一五”规划》中提出到2010年建成垃圾发电装机容量50万kW，较2005年末20万kW装机容量提高2.5倍。《可再生能源中长期发展规划》中提出到2020年垃圾发电厂达到300万kW装机容量。但是，2009年广大公众和垃圾焚烧发电项目周边居民对垃圾焚烧发电的质疑乃至反对达到了高潮，垃圾焚烧引发的争议也被中国经济时报评为2009年中国十大环境事件。如何能顺利推进垃圾焚烧发电厂的建设，充分利用其优势，关键在于严格控制垃圾焚烧过程中污染物的排放，尤其是二恶英类物质的排放。

在此针对垃圾焚烧发电厂，对控制二恶英的两种主要技术方案进行了技术经济分析，并分析了技术应用对焚烧企业的影响。通过分析，旨在为不断建设的焚烧发电厂合理选用经济有效的二恶英控制技术提供参考建议。

6.5.1 垃圾焚烧发电厂二恶英类减排技术及选定研究的技术方案

大量文献已报道大气中二恶英的减排技术主要包括燃烧前进料控制技术、燃烧过程控制技术和末端控制技术三大类，对于垃圾焚烧厂尤其是需要过程控制和末端控制技术的结合才能保证有效控制二恶英的排放。

燃烧过程控制技术主要对燃烧条件包括温度、时间、湍流度、氧气量等参数的控制使其达到阻止二恶英前驱物的生成；还包括通过添加抑制剂达到控制二恶英的目的。二恶英末端控制技术从控制原理的不同可以分为抑制二恶英从头合成的烟气急冷技术、吸附转移技术和催化分解技术。二恶英的减排需要多种技术，采取综合控制的手段进行控制。对于大型垃圾焚烧发电厂通过自动监控装置对燃烧过程参数能起到很好的控制作用。烟气冷却技术由于其结合一般烟气处理技术后达到（标态）0.1ng I-TEQ/m^3 的排放要求还有一段距离，仅能作为综合控制的一个必需环节，不单独评价此类技术。因此，该部分对目前常用的以活性炭喷射吸附二恶英技术和选择性催化分解二恶英为主导的两种尾气净化技术进行比较分析。这两种技术在结合其他尾气净化装置后如脱酸装置、布袋除尘器后均能达到二恶英排放限值（标态）0.1ng I-TEQ/m^3 的要求。焚烧垃圾发电厂若采用以上两种技术，减排二恶英方案流程如图 6-4 所示。

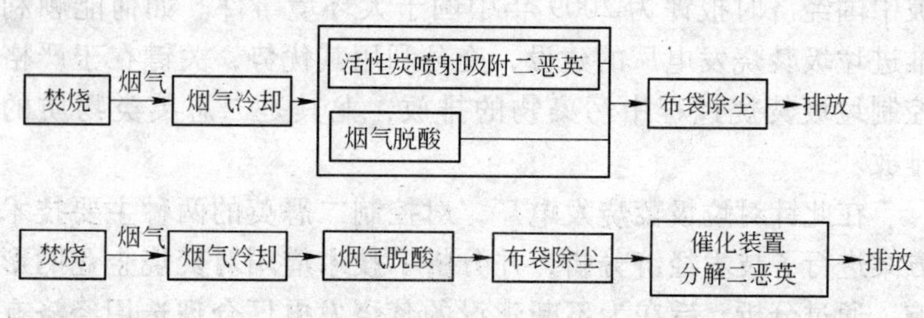

图 6-4　活性炭喷射方案和催化分解去除二恶英方案

6.5.2　技术经济评价指标的选择

由于我国目前新建的垃圾焚烧厂规模均较大，并没有焚烧能力较小的企业，这点和其他工业行业的结构有很大的区别，因此，该行业在选择减排方案时暂不需要根据不同的规模决定资源投入的优先顺序。在评价时没有按照新西兰的方式对源按规模进行细分，而是以焚烧能力700t/d的垃圾发电厂为评价对象进行方案分析。此规模的垃圾焚烧发电厂和我国正在及即将建设的大多数垃圾发电厂规模相当，具有普适性。

利用CEA方法评价方案时，由于对技术的评价仅能从污染物去除率这一物理指标来体现，没办法衡量其连带的其他指标，因此，比较适合在宏观的尺度上对多种方案进行较粗的评价。由于本部分只涉及两个方案，希望通过全面的技术经济比较来综合反映两个方案的优劣，因此没有使用CEA评价方法。

对方案进行分析评价时，主要从环境技术指标和经济两方面进行评价，环境技术性能和经济性能考虑因素见图6-5。

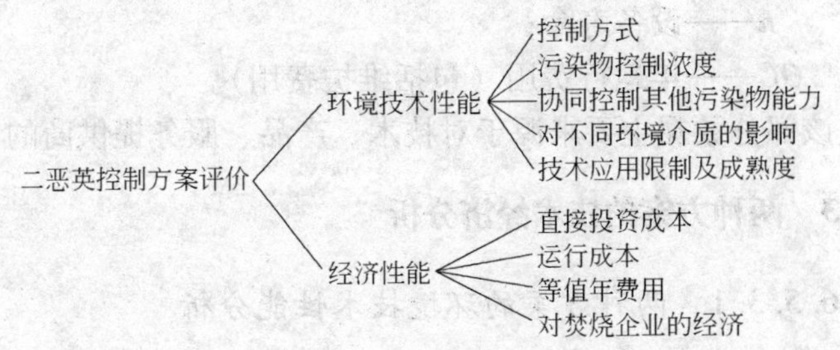

图6-5 二恶英控制方案的评价因素

两个方案的环境技术性能比较主要采取定性描述和部门相关报道的定量数据进行比较。没有采用邢颖和王书肖等人在评价时使用的层次分析、专家打分或模糊综合评价的方法来评价两方案，一是由于可比较的方案仅两套，没有必要采用上述方法；二是催化分解二恶英技术方案在我国的垃圾焚烧发电厂还没有应用，对其技术性能的描述主要来自国外文献，因此很难在国内找到相应的专家对该方案进行打分，因此，没有通过打分的方式对两方案进行评价。

对方案进行经济评价时，虽然布袋除尘、烟气脱酸等烟气控制措施对二恶英的减排起到很好的作用，但由于其最初设计目的及主要功能并非针对二恶英污染物的减排，因此，尽管其有协同去除的作用，但本研究不把这部分的费用列入减排二恶英产生的费用。欧盟在对其推荐的最佳可行技术进行经济评价时对费用分配也是采取这样的方式。按照这一原则，两种控制二恶英方案的费用只考虑活性炭喷射和催化装置产生的费用。方案的费用比较采用等年值费用法，见式6-2：

$$AC = DC \times \frac{r(1+r)^n}{(1+r)^n - 1} + OC \tag{6-2}$$

式中 AC——等值年成本；

DC——第0年的一次投资成本；

r——利率；

n——设备寿命；

OC——年运行费用（包括维护费用）。

该部分数据主要来源于对技术、产品、服务提供商的调查。

6.5.3 两种方案的技术经济分析

6.5.3.1 两种方案的环境技术性能分析

以喷射活性炭为主的方案是目前使用最广泛的二恶英控制方式。大量研究发现该方案下二恶英的去除效率受到烟气温度、活性炭喷射量、活性炭性能、喷射方式和除尘装置的影响。Tejima等人研究证实当烟气温度在160℃和190℃时，喷入活性炭后二恶英的去除效率可以达到97%~98%，但当烟气温度达到220℃时，去除效率下降为90%。Chi 等人在某大型垃圾焚烧发电厂用椰壳活性炭吸附二恶英，喷射速率为（标态）100mg/m^3 时，尾气排放的二恶英浓度为（标态）0.031ng I-TEQ/m^3，活性炭喷射加布袋除尘可达到95.5%的二恶英去除效率。Abad等人证实在垃圾发电厂仅依赖布袋除尘和半干法脱酸装置达不到（标态）0.1ng I-TEQ/m^3 的二恶英排放限值，当以（标态）100mg/m^3 的喷射速率喷入活性炭时，二恶英的去除效率较以前提高92%~96%，出口浓度降低到（标态）0.036ng I-TEQ/m^3。Chang等人研究了不同活性炭喷射速率下二恶英的去除效率，并得出了两者关系的方程。当喷射速率小于（标态）65mg/m^3时，去除效率随着喷射速率的提高而提高，呈近线形关系；当喷射速率达到（标态）150mg/m^3，去除效率提高到95%以上时，效率随喷射速率而产生的变化将很小。根据其提供的方程，在已知入口二恶英浓度的情况下，可以计算达到排放值所需的最小活性炭喷射速率，这将有效地减少活性炭的喷入成本。欧盟在其焚烧行业最佳可行性技术参考文件中建议，通常活性炭的喷入计量在0.5~1kg/t（垃圾）[约（标态）100~200mg/m^3，以每吨垃圾产生烟气量（标态）5000m^3计算]，能满足（标态）0.1ng I-TEQ/m^3的二恶英排放限值。结合以往研究可以得出：在其他烟气处理措施很好运行的基础上，活性炭的喷射速率达到（标态）100mg/m^3时，烟气口二恶英可以达到（标态）0.05~0.1ng I-TEQ/m^3的排放浓度。

活性炭喷射在去除二恶英的同时，对烟气燃烧形成的不完全产物（products of incomplete combustion，PICs）如多氯联苯、氯苯、氯酚和多环芳烃等类物质也能达到90%的去除，同时对重金属汞也能高效吸附去除达到排放限值。然而吸附了污染物的活性炭被下端的除尘装置捕集，转移到了固相飞灰中，该减排方式属于吸附转移，二恶英类依然存在于环境中。金宜英等人对城市生活焚烧炉飞灰的实验研究表明，布袋除尘器前喷射活性炭粉末后，飞灰中二恶英类浓度为460ng/g，比没有喷射时254ng/g的含量增加了1.8倍。因此，该方案中的飞灰要根据危险废物处置要求安全处置。

方案二催化分解二恶英的技术源于NO_x的催化还原技术。已有大量研究证实最初用来催化还原NO_x的催化剂能有效地分解二恶英类物质。催化分解技术可以将气态二恶英分解效率达到98%~99.9%，结合布袋除尘，烟气口二恶英可以达到（标态）0.05~0.002ng I-TEQ/m^3的排放浓度。大多数研究采用

V_2O_5-WO_3-TiO_2 催化剂进行二恶英的氧化分解，温度在 240 ~ 300℃有较好的分解效果。在商业应用领域，Shell 公司提供的二恶英催化分解系统（SDDS）由于其良好的低温催化分解效果，被欧洲和日本焚烧厂广泛使用。在此对催化分解二恶英技术进行评价时以 Shell 提供的 SDDS 技术为例。该技术在烟气温度达到 150℃时，二恶英的去除效率可以达到 98% ~99.7%，同时对其他有机污染物 PCP、PCB 和 PAH 也可以起到有效的分解，再结合脱氮反应后，NO_x 的排放可小于（标态）50mg/m³。

为保持催化剂的性能防止其中毒，Shell 的 SDDS 技术要求位于其前端的除尘技术需达到烟尘排放小于 10mg/m³。这比我国目前烟尘排放最高地方标准北京《生活垃圾焚烧大气污染物排放标准》（DB11/502—2008）中要求的 30mg/m³ 要高许多。因此，对于我国目前大多数垃圾焚烧处理厂烟气处理效率还不能满足该技术的要求。

6.5.3.2　两种方案的经济性分析

对两个方案进行经济评价时，均以 700t/d 焚烧垃圾发电厂为评价对象。

A　活性炭喷射方案

a　设备成本

700t/d 焚烧垃圾厂一般需要两条生产线，据调查，每条的投资成本包括活性炭储仓、体积计量给料器、空气压缩装置和喷嘴需约 50 万元。两条成本为 100 万元。若采用进口设备，一般为国产设备的 1.8 倍，约 180 万元。

b　运行成本

运行成本受活性炭用量和品质影响。表 6-9 列出了活性炭喷射技术所选参数及喷射成本。活性炭在选用国产产品时按每吨 10000 元计算，若喷射进口活性炭，以世界最大的活性炭公司 NORIT 提供的产品为例，按每吨 3000 美元计算。此外，喷入的活性炭由于吸附二恶英等污染物质，其收集的飞灰属于危险废物。垃圾焚烧飞灰安全处置收费大多地区还没有指定价格标准，公布的可查标准来自无锡市，因此按照无锡市收费标准 1.7 元/kg 计算，由于喷射活性炭所增加的飞灰处置费用为 198900 元/a。该技术的年运行费用 *OC* 为 1368900 元或 2585700 元。能耗和维护费用所占比例很少，因此忽略不计。

表 6-9 活性炭喷射方案的参数及成本

项 目		数 值
参 数	活性炭用量（标态）/$mg \cdot m^{-3}$	100
	烟气量(标态)/$m^3 \cdot t^{-1}$	5000
	年运行时间/h	8000
	垃圾处理量/$t \cdot d^{-1}$	700
	活性炭价格(国产)/元 · t^{-1}	10000
	活性炭价格(进口)/US $ · t^{-1}	3000
喷射量成本	活性炭喷射量/$t \cdot a^{-1}$	117
	喷射成本（国产）/元 · a^{-1}	1170000
	喷射成本(进口)/元 · a^{-1}	2386800
	飞灰处置费用/元 · a^{-1}	198900
	运行成本/元 · a^{-1}	1368900 或 2585700
	运行成本/元 · t^{-1}	5.85 或 11.05

c 等值年成本

根据式 6-2，*DC* 为设备成本，*r* 取 6%，*n* 取 15 年（不考虑设备残值）。方案一在 15 年内的年费用按式 6-1 计算，其年费用为 147 万~276 万元（见表 6-10）。

表 6-10 活性炭喷射方案等值年成本

项 目	年费用/万元
国产设备 + 国产活性炭	147
进口设备 + 国产活性炭	155
国产设备 + 进口活性炭	268
进口设备 + 进口活性炭	276

从计算可以看出，方案一的运行成本占到年费用的 90% 以上，即活性炭的购买费用和飞灰处置费用占主导。其费用均是由活性炭的喷入量决定，因此年费用对活性炭用量这个参数最

为敏感。假定其他因素不变，仅考虑活性炭用量变化时，对年成本的影响程度见图6-6（以国产设备和国产活性炭为例）。

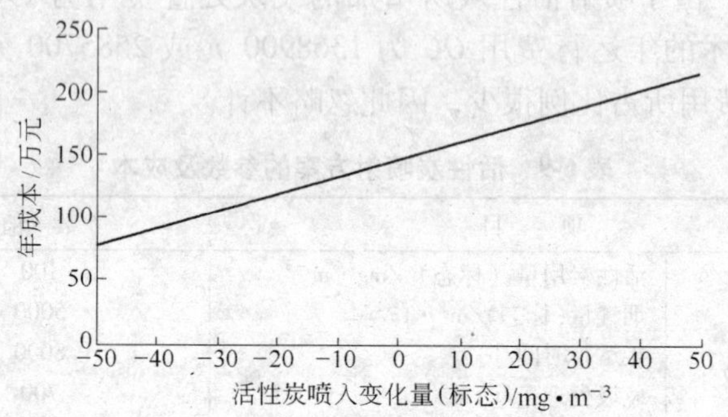

图6-6 年成本随活性炭的喷入量变化的敏感性分析

B 催化分解方案

a 设备成本

以Shell的技术SDDS为例，需要装有催化剂、规格为2.7×1.42×1.43的侧流反应器模块4个。700t/d焚烧垃圾厂投资约50万~120万美元。考虑增值税（17%）和进口税（6.5%）后，投资约为62万~150万美元。该装置中催化剂费用占到60%，钢筑的反应器费用占40%。

b 运行成本

SDDS装置运行中不需要额外再添加任何物质。由于其在典型的温度160℃即可达到对二恶英高效的催化分解作用，因此，不需要对烟气进行加热，不需要额外能耗。维护费用也较低。该技术运行成本可忽略。

c 等值年成本

SDDS设备中催化剂的寿命和反应模块的寿命不同，因此年成本需分别计算。催化剂成本计算中 n 为5年，反应模块取15年，r 均取0.6，计算如下：

$$AC_{(催化剂)} = P \times 60\%(A/P,6\%,5) = 8.83万 \sim 21.37万美元$$

$$AC_{(\text{反应器})} = P \times 40\% (A/P, 6\%, 15) = 2.55\text{万} \sim 6.18\text{万美元}$$

$$AC = 11.38\text{万} \sim 27.55\text{万美元} = 77\text{万} \sim 187\text{万元人民币}$$

从计算可以看出，方案二的费用主要集中在一次投资，催化剂的使用寿命越长所需年化费用越低。位于其前端的烟气处理设施效率越高，催化剂的寿命相对较长，一般为5年。

C 技术方案对垃圾焚烧发电厂的影响

两种技术方案由于其投资成本和运行成本相差很大，对垃圾焚烧厂的经济影响也大相径庭。为了反映其影响程度，该部分在对垃圾焚烧发电厂投资费用、收入、运行成本分析的基础上，计算了两种方案对企业建设和运行的影响。

a 垃圾焚烧发电厂投资费用

《城市生活垃圾焚烧处理工程项目建设标准》中焚烧厂投资估算指标定为20万~65万元/(t·d)。不同技术投资有所不同，目前一般分为四大类型，包括引进设备炉排炉焚烧厂、引进技术炉排炉焚烧厂、国产炉排炉焚烧厂和国产流化床焚烧厂。以国产炉排炉为例，投资指标约为35万元/(t·d)。700t垃圾焚烧厂投资费用约为2.45亿元。以寿命为20a，r为6%计算，其年化投资费用为2136万元。

b 垃圾焚烧发电厂收入

垃圾焚烧发电厂收入主要来自政府垃圾补贴和上网售电两大部分。受投资费用、运行成本和地区经济差异影响，补贴费用各地区各厂不一。上海和深圳地区补贴最高，一般中等城市如成都、绍兴、温州等补贴约70元/t。上网电价根据发改委《可再生能源发电价格和费用分摊管理试行办法》规定，2006年以后建设的新电厂，上网电价执行2005年脱硫燃煤机组标杆上网电价加补贴电价组成，电价补贴标准为0.25元/(kW·h)。同时，垃圾焚烧发电厂在增值税和所得税方面均有优惠。按照吨垃圾补贴70元，上网电价0.6元/(kW·h)，吨垃圾上网电量200kW·h计算，700t/d垃圾焚烧发电厂主要年收入约 4433 万元。

c　垃圾焚烧发电厂利润

我国绝大多数垃圾焚烧厂采取 BOT 经营模式，销售收入年利润率一般保持 10%。为达到该利润，在年化投资费用为 2136 万元，年收入为 4433 万元情况下，年运行及维护费用需要控制在 1854 万元，吨垃圾运行成本需控制在 79 元。

d　两方案对垃圾焚烧发电厂的影响

活性炭喷射方案一次投资在垃圾焚烧发电厂所占比例较少，约为 0.4%，占环保设施投资比例为 2%（环保投资约为总投资 20%）。但该技术在运行成本中所占比例较显著，其运行成本占总运行维护成本的 7.4% ~13.9%。

催化分解方案一次投资费用较活性炭喷射方案高，约占总投资的 1.7% ~4.2%，占环保投资比例为 8.6% ~20.8%。由于其运行过程中不需要额外物耗、能耗，对焚烧厂的运行成本不造成影响。但考虑到其催化剂使用期限，每 5 年需要更换，每次费用约 253 万 ~612 万元。

e　估算垃圾焚烧发电厂二恶英处理成本

随着土地资源的紧张，在我国对垃圾焚烧发电厂的建设也在加大。合理估算二恶英类污染物的控制费用是建设前期需要考虑的因素，根据对 700t/d 垃圾焚烧发电厂的估算，可计算不同规模的企业其控制二恶英的成本。

若采取活性炭喷射技术，喷射速率为（标态）100mg/m^3，其企业所需直接投资成本（DC，元/a）和运行成本（OC，元/a）为：

$$DC = 1 \times 10^6 \times \left(\frac{Y}{700}\right)^e \times j \tag{6-3}$$

$$OC = 0.167 \times Y \times (P_1 + P_2) \tag{6-4}$$

式中　Y——企业焚烧规模，t/d；

e——规模指数，当建设项目扩大或缩减规模主要靠增减机器设备的规格尺寸、容量时，e 取 0.6 ~0.7，当建设项目扩大规模主要靠增加相同机器设备数量的方式时，e 取0.8～1.0；

j——物价调整系数；

P_1——活性炭价格，元/t；

P_2——飞灰处置费用，元/t。

等值年成本结合 DC 和 OC 根据式6-2进行计算。

Shell的SDDS技术其催化剂和反应器均需进口，随着应用项目的扩展，其价格可能会发生一定的波动，目前也可以按照生产规模指数法对其直接投资成本进行估算。

6.5.4 两种方案评价的总结

表6-11列出了两方案在技术、经济方面的比较。从技术指标看，两种方案均可满足国际最严格的二恶英大气排放标准（标态）0.1ng I-TEQ/m^3。但活性炭喷射技术对污染物质由大气转移到飞灰，因此，从总体排放强度来看，催化分解技术所排放的二恶英更少。从经济角度分析，活性炭喷射技术更适合初期投资资金较有限的企业和地区。从长期看，催化分解方案的等值年费用和活性炭喷射技术相差不多，因此，在经济发达地区和环境质量要求更高的区域可试行催化分解技术。

表6-11 两种二恶英控制方案的技术经济比较

指标		活性炭喷射技术	Shell的催化分解技术
技术指标比较	可达到的排放值(标态)	0.1～0.05ng TEQ/m^3	0.05～0.02ng TEQ/m^3
	控制方式	吸附转移	分解
	能耗	低	无
	安装	容易	容易
	对其他污染物的协同控制	吸附去除重金属物质如汞；不完全燃烧产物如PCB，PAH等	喷氨可起到脱氮作用；同时对PAH，PCB有分解作用
	对其他环境介质影响	转移到飞灰中，需进行危废处置	无影响
	技术限制及要求	易操作，技术限制低	前端除尘最低要达到10mg/m^3
	应用情况	广泛应用	目前在国内无应用，国外有应用

续表 6-11

指标		活性炭喷射技术	Shell 的催化分解技术
经济指标比较	投资成本	低	高
	运行成本	高	低
	等年费用	147 万 ~ 276 万元	77 万 ~ 187 万元

除上述提到的显性成本外，监管成本在评价两方案时也是一显著因素。由于活性炭技术的费用主要体现在运行费用中，这是由喷入的活性炭数量和品质所决定。如果企业为了追求效益，在监管不利的情况下，对活性炭可以不用、少用或者以次充好来节省成本。如何确保企业在实际运行中能稳定足量地喷入高效的活性炭，这需要环境监管部门投入大量的监管成本。但实际运行中，大多数生活垃圾焚烧发电企业对烟气排放的二恶英每年仅进行一到两次监测，对活性炭的喷入量监管部门也无法做到实时监管，需要企业自觉地投入，因此加大了环境中二恶英排放的风险。催化分解技术方案一次投入后，运行所需监管成本少，在将来二恶英排放限制越来越严的情况下催化分解技术更具有吸引力。

为了控制二恶英类的排放，相关控制政策将逐步向更多的工业排放源提出要求。为了满足排放要求，工业排放源必然要采取合适的方案进行二恶英类的减排。在资源相对有限的情况下，评估减排方案的费用-效果，可达到合理分配减排资源、实现经济高效的减排。

本小节回顾了常用的项目评价方法，指出了 CBA 方法、CEA 方法、层次分析法、模糊综合评价等方法的适用性；详细介绍并比较了英国和新西兰环境部分如何通过 CEA 方法评价本国二恶英类减排方案，绘制减排费用曲线；客观分析了评价方法存在的问题及其优势；介于透过减排费用曲线可以实现减排资源的合理配置，提出了我国可以参照国外的评价方法对二恶英类控制方案进行评价的思路。

针对垃圾焚烧行业，对以活性炭喷射吸附二恶英和选择性催化分解二恶英为主导的两种末端方案进行了技术经济评价。比较了两种方案的环境及技术性能；计算了两种方案的投资成本、运行成本及对焚烧企业的经济影响；提出垃圾焚烧发电企业建设前期估算控制二恶英类所需费用的公式；指出在经济发达地区和环境质量要求更高的区域可试行催化分解技术。

7　研究结论及政策建议

＊＊＊＊＊＊＊＊＊＊＊＊＊＊＊＊＊＊＊＊＊＊＊＊＊＊＊＊＊

7.1　研究结论

本书从管理的角度研究了二恶英类控制政策，同时以重点行业为研究对象，对政策产生的影响进行了评价。研究首先总结了发达国家二恶英类管理经验及主要政策，指出了发达国家二恶英类减排特点；系统地分析了我国促进二恶英类削减和控制的管理政策，包括直接政策和间接政策，通过和发达国家出台的政策进行对比，指出我国政策的特点及局限；为分析二恶英类污染控制政策（直接政策）对行业的影响，以废弃物焚烧企业为研究对象，调查企业对二恶英类的认知、控制态度和控制措施，并与无政策约束的炼焦企业进行了对比分析；为分析促进二恶英类减排的间接政策对行业的影响，以电力、水泥、钢铁、焦炭行业为研究对象，评价关闭落后产能政策对二恶英类排放削减的影响；为解决政策执行中所遇到的经济问题，做到合理分配减排资源，提高减排效率，指出利用费用—效果法评价二恶英类减排方案；针对二恶英类排放目前最为严格的垃圾焚烧行业，对两种二恶英类控制方案——活性炭喷射方案和催化分解方案的环境技术性能及经济性能进行了评价。

主要研究结论如下：

(1) 发达国家二恶英类控制的特点。通过对欧盟和日本二恶英类管理经验和政策的分析，可以看出发达国家二恶英类减排活动有以下几个特点：以焚烧行业为切入点，逐步建立完善的减排战略；对重点工业源建立排放标准，制定技术导则，促进减排的实施；建立动态排放清单，提高科学决策水平；对政策执行进行评估，提高政策的可实施性、完善政策。

（2）我国二恶英类管理政策的特点。将我国二恶英类控制政策划分为直接政策和间接政策两大类。直接政策主要围绕废弃物焚烧行业，制定了二恶英类污染物的排放标准、防治技术规范、监测规范和监管规范。为履行《斯德哥尔摩公约》，《国家实施计划》中制定了我国二恶英类污染物控制战略目标。上述两部分构成我国现有二恶英类管理政策的基础。由于限制、淘汰类政策、常规污染物防治政策和清洁生产政策的执行可以促进二恶英类物质的减排，因此将上述政策规定为二恶英类控制的间接政策。从已制定的政策看，我国二恶英类管理还处于初级阶段，但管理政策在焚烧行业取得了突破，这将有利于其他行业在政策制订时进行借鉴。大多数排放源直接针对二恶英类的控制政策还处于“真空”阶段，因此，利用间接政策控制二恶英类污染物排放将是我国二恶英类管理的一种重要方式。

（3）二恶英类污染控制政策对焚烧行业的影响。问卷调查揭示，焚烧企业管理者对二恶英类污染物的认知程度高，对所在企业采取的二恶英类控制措施给予了高度的认同和肯定。而无二恶英类排放约束的炼焦企业，管理者对二恶英类认知程度较低。对比表明政策提高了废物焚烧企业管理者对二恶英类的认知，起到了政策积极的正面影响功效。差异的产生也受两个行业的行业地位和地区差异的影响。此外，实证研究发现，焚烧企业对二恶英类物质采取了综合性控制措施，说明政策的控制功效得以体现。

（4）节能减排政策对重点行业二恶英类排放削减的影响。2006 年、2007 年和 2008 年电力行业由于关闭落后机组带来的二恶英类减排分别为 8g I-TEQ、36g I-TEQ 和 42g I-TEQ。水泥行业关闭落后产能带来的二恶英类减排量最为显著，2007 ~ 2010 年间将有 1420g I-TEQ 二恶英类由于水泥行业关停落后产能而减排。2007～2010 年关停落后钢铁产能将减少二恶英类排放约 113.1g I-TEQ。2007～2009 年关闭落后焦炭生产，将减少 157g I-TEQ 二恶英类排放。除了上述提到的重点工业部门，关闭落后产能还涉及电解铝、铁合金、造纸等行业，这些工业部门淘汰落后产能也会减少二恶英类的排放。

（5）二恶英类减排方案的评价方法。二恶英类减排方案的评价对促进理性决策起到重要作用。通过对多种评价方法的比较，指出使用费用-效果法评价二恶英类减排方案的优势。介绍英国和新西兰如何使用费用-效果法评价二恶英减排方案、绘制费用-效果曲线、判断各减排方案执行的优先顺序。尽管使用费用-效果法忽视了减排公平性的问题，但我国当前在配置二恶英类减排资源时不可能为追求资源的公平配置而削弱对效率的追求，而且由于二恶英类控制费用高，不同排放源或同一排放源但不同规模的企业单位二恶英类减排边际费用差别较大，因此，我国可以采用费用-效果法评价二恶英类控制方案，实现减排资源的高效配置，同时提出了具体评价操作步骤。

（6）垃圾焚烧发电企业二恶英类减排方案的技术经济评价。针对垃圾焚烧行业，对以活性炭喷射吸附二恶英类和选择性催化分解二恶英类为主导的两种末端方案进行了技术经济评价。比较了两种方案的环境技术性能；计算了两种方案的投资成本、运行成本及对焚烧企业的经济影响；提出垃圾焚烧发电企业建设前期估算控制二恶英类所需费用的公式；指出在经济发达地区和环境质量要求更高的区域可试行催化分解技术。

7.2　提高中国二恶英类管理的政策建议

经过分析，结合我国目前二恶英类的管理状况，提出二恶英类的管理应该采取有统有分、统分结合的管理控制模式。具体而言，由于二恶英排放源众多，所涉及的行业较多，易在管理中形成多头管理、目标不清的局面，因此“统”体现在需要制订整体的二恶英类污染防治和监督管理政策。《斯德哥尔摩公约》的签署提出了POPs控制的总体目标，《国家实施计划》制定了POPs控制的战略目标和行动计划，对二恶英类的管理要以上述两个基本政策为依据，建立整体的防治、监管政策。

“分”体现在二恶英类排放源众多，各类源的排放风险有所差异，管理水平也存在较大差距，因此，今后在政策制订中需要采取有所差别的控制政策。在此，可以按照我国的情况将排放源分为四大类型：

一是废物焚烧排放源，包括生活垃圾、医疗废物和危险废物焚烧源。这类源二恶英类排放风险较高，已被列入国家二恶英类优先控制重点行业，该类源的二恶英类管理政策体系已较为系统，政策功效也得以体现。

二是已列入国家优先控制的非焚烧排放源。这类源同样存在较高的二恶英类排放风险，但对该类源的管理处于起步阶段，相应的管理政策在制订和准备阶段。这类排放源包括钢铁烧结、电弧炉炼钢、再生金属生产、有氯漂白的造纸生产、火化机等。

三是产能大、能耗高、污染重、存在二恶英类排放风险的其他工业热过程。这类排放源包括炼焦生产、高炉炼铁、转炉炼钢、水泥生产、非再生有色金属生产、电力生产等过程。这些工业二恶英类排放风险较第一和第二类源要低，二恶英类排放浓度小，但我国是这些产品最大的生产国，其中有些产品的产能占到世界总产能的一半以上，所以，二恶英类排放总量大。这类排放源未列入我国二恶英类优先控制重点行业，因此，《国家实施计划》短期内没有针对其进行控制的计划。

四是民用燃烧源。居民在使用生物质及化石燃料取暖和烹饪过程中会产生二恶英类的排放，特别是在燃料中混入废弃的材料，如纺织品、橡胶、塑料、印刷品、废物油等更会加大二恶英类排放的风险。而这类源分布分散、监测困难、较难规范，已成为发达国家二恶英类控制的重点与难点。我国的《国家实施计划》中还没有提出对该类源的具体管理。

对于第一类排放源，国家已经制定了排放标准，从建设、运行、监测和监管等方面建立了技术规范。今后的管理控制的方向首先应侧重于如何落实上述政策，通过加大执法力度，组织开展二恶英类控制的专项检查和监察行动，建立健全惩罚机制，确保政策的有效实施；其次，在管理手段方面，要实现单纯依赖命令控制手段向多种管理手段的转变。例如，针对新型二恶英类控制技术投资高的问题，政府可以采取经济刺激类手段，通过贷款优惠政策、提高垃圾焚烧补贴费用等手段激励企业使用先进技术降低排放。地方政府可以通过信息公开的手段，多方位地监督污染物排放，促使企业提高污染物控制水平。第三，要建立评价体系，根据实际执行情况，对政策进行评估，通过评估，提高政策的可实施性，降低政策的实施成本，为政策的改进和其他排放源制定新的政策提供依据。

对于第二类排放源和第三类排放源，现阶段企业本身对二恶英类 POPs 污染物认知程度较低，对其危害、来源、产生途径和控制技术等知识的了解与掌握均较少。因此，可以借助全国 POPs 状况调查的契机，以企业高层管理人员为培训对象，通过培训的手段，使其对二恶英类 POPs 污染物的危害有深刻的认识，了解其产生途径和控制方法，为今后选择控制技术起教育先行作用。通过向企业印发宣传册的方式，让更多从业人员了解 POPs 类污染物，提高从业人员对这类物质的警觉性，从保护自身健康为出发点，严格按照操作规范进行生产，利用对原料进行严格的控制、保持工序的平稳运行、提高常规污染物控制水平和环境管理水平等手段尽可能地预防、控制 POPs 的排放。

在教育、培训的基础上，再利用强制性手段进行控制将更为可行。鉴于第二类排放源，二恶英类排放风险较高，需参照废物焚烧行业制订二恶英类管理政策，尽快通过制订污染物排放标准、技术规范等手段强制减排。为了从技术上对该类企业进行指导，可以先在重点企业开展 BAT 示范活动，对开展 BAT 进行技术经济可行性评价；再进一步颁布 BAT 的行业导则；进而实现后阶段 BAT 的推广工作，考虑对采取 BAT 的企业授权其排污许可证。由于此类源涉及多个行业、不同规模的企业，因此在安排减排资源时建议进行方案评价，选取更为经济高效的减排策略。第三类排放源，排放总量大，但浓度低，因此不适合使用浓度排放限值的方式控制排放。但可以充分利用产业结构调整的方式降低二恶英类的排放。产业结构调整有 3 个层面的含义：一是调整国民经济三次产业结构及第二产业中轻重工业的比重，减少第二产业尤其是减少高耗能高污染行业的比重；二是调整同一产业中技术结构，如调整能源结构降低污染物的排放；三是调整同一行业中大、中、小企业结构，用技术含量高、能耗少、污染小的现代企业替代落后高能耗、高污染的小企业减少污染物的排放。发达国家在经济转型初期也主要是通过产业和能源结构的调整来控制污染物的排放。我国处于产业结构调整的重要时期，认识、利用好这类型政策控制污染物排放可以实现多赢。

对于第四类民用燃烧源，应当优先采取预防的原则控制二恶英类的排放。减少废弃物的产生是预防的关键；其次，应严禁公开燃放废弃物；第三，鼓励在家用燃烧炉中避免加入橡胶、塑料、含有废油物质的废弃物。第四，鼓励在有条件情况下使用液态或气态的清洁燃料，使用燃烧效率高的炉子。随着居民健康意识的不断提高，教育、宣传、鼓励的手段应是减少民用源排放最为有效的方式，其设计成本、实施成本、监控成本均较低，一旦收效，持续性长，产生影响大。

附件1 缩略词及对应国家或地区名称

缩略词	国家或地区名称	国家或地区名称
ALB	Albania	阿尔巴尼亚
ARE	United Arab Emirates	阿联酋
ARG	Argentina	阿根廷
ARM	Armenia	亚美尼亚
ATG	Antigua and Barbuda	安提瓜和巴布达
AUS	Australia	澳大利亚
BDI	Burundi	布隆迪
BEL	Belgium	比利时
BEN	Benin	贝　宁
BFA	Burkina Faso	布基亚法索
BGD	Bangladesh	孟加拉国
BGR	Bulgaria	保加利亚
BLR	Belarus	白俄罗斯
BRB	Barbados	巴巴多斯
BRN	Brunei	文　莱
CAF	Central African Republic	中非共和国
CAN	Canada	加拿大
CHE	Switzerland	瑞　士
CHL	Chile	智　利
CHN	China	中　国
CIV	Cote d'Ivoire	象牙海岸
COM	Comoros	科摩罗
CRI	Costa Rica	哥斯达黎加
CUB	Cuba	古　巴
CYP	Cyprus	塞浦路斯
CZE	Czech	捷　克

DEU	Germany	德　国
DJI	Djibouti	吉布提
DNK	Denmark	丹　麦
DOM	Dominican Republic	多米尼加共和国
DZA	Algeria	阿尔及利亚
ECU	Ecuador	厄瓜多尔
EGY	Egypt	埃　及
EST	Estonia	爱沙尼亚
ETH	Ethiopia	埃塞俄比亚
FIN	Finland	芬　兰
FRA	France	法　国
GBR	United Kingdom	英　国
GHA	Ghana	加　纳
HRV	Croatia	克罗地亚
IRN	Iran	伊　朗
ISL	Iceland	冰　岛
JOR	Jordan	约　旦
JPN	Japan	日　本
KEN	Kenya	肯尼亚
KGZ	Kyrgyzstan	吉尔吉斯斯坦
KHM	Cambodia	柬埔寨
KOR	Republic of Korea	韩　国
LBN	Lebanon	黎巴嫩
LKA	Sri Lanka	斯里兰卡
LSO	Lesotho	莱索托
LTU	Lithuania	立陶宛
LUX	Luxemburg	卢森堡
LVA	Latvia	拉脱维亚
MAR	Morocco	摩洛哥
MDA	Moldova	摩尔多瓦
MDG	Madagascar	马达加斯加
MEX	Mexico	墨西哥

MHL	Marshall Islands	马绍尔群岛
MKD	Macedonia	马其顿王国
MLI	Mali	马 里
MNG	Mongolia	蒙 古
MUS	Mauritius	毛里求斯
NGA	Nigeria	尼日利亚
NIC	Nicaragua	尼加拉瓜
NLD	Netherlands	荷 兰
NOR	Norway	挪 威
NPL	Nepal	尼泊尔
NZL	New Zealand	新西兰
OMN	Oman	也 门
PAN	Panama	巴拿马
PHL	Philippines	菲律宾
POL	Poland	波 兰
PRK	Democratic People's Republic of Korea	朝 鲜
PRY	Paraguay	巴拉圭
ROU	Romania	罗马尼亚
RWA	Rwanda	卢旺达
SDN	Sudan	苏 丹
SEN	Senegal	塞内加尔
SLE	Sierra Leone	塞拉利昂
STP	Sao Tome and Principe	圣多美和普林西比
SVK	Slovakia	斯洛伐克
SWE	Sweden	瑞 典
SYC	Seychelles	塞舌尔
SYR	Syria	叙利亚
TCD	Chad	乍 得
THA	Thailand	泰 国
TJK	Tajikistan	塔吉克斯坦
TUN	Tunisia	突尼斯

TUV	Tuvalu	图瓦卢
TZA	Tanzania	坦桑尼亚
UGA	Uganda	乌干达
URY	Uruguay	乌拉圭
VEN	Venezuela	委内瑞拉
VNM	Vietnam	越　南
WSM	Samoa	萨摩亚群岛
ZMB	Zambia	赞比亚

附件2 焚烧企业调查问卷

企业负责人员：

您好！本调查是为了配合国家科技支撑计划项目“持久性有机污染物控制与消减的关键技术研究与示范”而进行。调查主要是为了准确反映目前行业的情况，不用填写姓名和工作单位，各种答案没有正确、错误之分。您只需按照企业的实际情况在合适的答案上打√，或在______中填入适当的内容。

感谢您在百忙中的合作！

一、企业基本概况

A1. 主要焚烧物种类

①生活垃圾 □　　②医疗废物 □

③危险废物 □　　④以上混合废物 □

A2. 企业的性质为：

①国有 □　　②集体 □

③股份合作 □　　④联营 □

⑤有限责任公司 □　　⑥股份有限公司 □

⑦私营企业 □　　⑧合资 □

⑨独资 □

A3. 企业资产总额__________万元。

A4. 企业所采用的炉型________________________________。

A5. 核心技术产地

①进口 □　　②国产 □

A6. 企业设计的年处理能力__________万吨，实际年处理量

________万吨。

二、企业现行环保情况

B1. 企业总环保投入________万元。

B2. 企业年环保设施的运行费用________万元。

B3. 企业是否有下面环保设施：

a. 烟气急冷设备　①是　□　②否　□

b. 废水处理系统　①是　□　②否　□

c. 除尘设备（可多选）

①静电除尘器　□　②布袋除尘器　□　③水幕除尘　□

④旋风除尘　□　⑤湿法文氏管　□　⑥无　□

d. 除酸设备（可多选）

①干式　□　②半干式　□

③湿式　□　④无　□

e. 活性炭净化方式

①喷入　□　②固定床　□

③移动床　□　④无　□

f. 若有活性炭吸附装置，请您填写活性炭使用量________/天·公斤

g. 催化氧化装置　①是　□　②否　□

h. 在线监测仪器　①是　□　②否　□

B4. 飞灰的处理方式（可多选）

①直接填埋　□　②固化后填埋　□　③用于建材中　□

④堆放　□　⑤重新加入到焚烧系统中　□

B5. 灰渣的处理方式（可多选）

①直接填埋　□　②固化后填埋　□　③用于建材中　□

④堆放　□　⑤重新加入到焚烧系统中　□

B6. 您对目前环保设施运行的满意程度

①很满意　□　②比较满意　□　③一般　□

④不太满意　□　⑤很不满意　□

B7. 如您对环保设施运行不是很满意，您对环保设施运行不满意是由于下列哪些因素造成（可多选，如满意此题不作答）

①运行费用高 □ ②操作复杂 □

③运行稳定性不高 □ ④处理效果低 □

⑤管理措施不健全 □ ⑥维修频繁 □

⑦其他 □______________

三、新型污染物的认知

C1. 您是否听说过《关于持久性有机污染物的斯德哥尔摩公约》?

①是 □ ②否 □

C2. 您是否听说过二恶英？（若回答“是”，请继续回答；若回答“否”，请从第 C11 题开始回答）

①是 □ ②否 □

C3. 请根据您对二恶英物质的认知，回答下列问题

a. 二恶英物质的危害认识

①很了解 □ ②了解一些 □ ③不了解 □

b. 二恶英的产生途径

①很了解 □ ②了解一些 □ ③不了解 □

c. 二恶英的控制技术

①很了解 □ ②了解一些 □ ③不了解 □

d. 二恶英的排放标准和现行政策

①很了解 □ ②了解一些 □ ③不了解 □

C4. 上述信息的获取渠道是______________。

C5. 你认为您所在的企业是否存在二恶英的排放？

①是 □ ②否 □ ③不知道 □

C6. 企业是否采取控制二恶英的措施？

①是 □ ②否 □ ③不知道 □

C7. 您认为企业二恶英排放是否能达到国家排放标准？

①是 □ ②否 □ ③不知道 □

C8. 企业是否曾监测过二恶英的排放？

①是 □ ②否 □

C9. 在选取技术控制二恶英时，请选择下列因素对企业技术选择的重要程度

	很重要	比较重要	一般	不太重要	很不重要
经济成本					
处理效果					
技术成熟度					
易于操作性					
专家推荐					
环保局推荐					

C10. 如您对二恶英控制措施有所了解，请根据您的认知和经验选择下列因素对控制二恶英的重要程度

	重要	一般	不重要	不知道
进料规范、避免使用受污染废料				
保证完全燃烧				
燃烧温度达到900℃，停留时间多于两秒				
烟气急冷降温				
采用除尘装置				
采用活性炭吸附				
焚烧残余物固化处置				

C11. 环境中的持久性有机物质，如二恶英、六氯代苯、多氯联苯的来源，主要为工业热过程非有意排放污染物，其通过食物网积聚，对人类健康及环境造成不利影响，你是否有兴趣了解其相关知识？

①是 □ ②否 □

C12. 如有兴趣，请选择您感兴趣了解的内容（可多选）

①化学特性 □ ②产生途径 □

③对人体造成的危害 □ ④预防、控制措施 □

⑤周边环境中该类物质的浓度 □

⑥食品中该类物质的含量 □

⑦该类物质的政策、法规及排放标准 □

⑧该类物质的行业排放清单 □

⑨其他 □____________

C13. 您本人认为通过下列哪些渠道获取环保信息更有效（可多选）

①大众媒体（报纸、杂志、图书 电视、广播） □

②互联网 □

③周边朋友及家人 □

④行业协会培训 □

⑤本单位的普及教育活动 □

⑥政府部门的宣传教育 □

⑦民间环保组织的宣传 □

附件3 焦化企业调查问卷

企业负责人员：

您好！本调查是为了配合国家科技支撑计划项目“持久性有机污染物控制与消减的关键技术研究与示范”而进行。调查主要是为了准确反映目前行业的情况，不用填写姓名和工作单位，各种答案没有正确、错误之分。您只需按照企业的实际情况在合适的答案上打√，或在__________中填入适当的内容。

感谢您在百忙中的合作！

一、企业基本概况

A1. 企业的性质为：

①国有 □　　②集体 □

③股份合作 □　　④联营 □

⑤有限责任公司 □　　⑥股份有限公司 □

⑦私营企业 □　　⑧合资 □

⑨独资 □

A2. 企业资产总额__________万元。

A3. 企业所采用的炉型______________________________。

A4. 核心技术产地

①进口 □　　②国产 □

A5. 企业年设计产量__________万吨，年实际产量__________万吨。

A6. 企业采用的熄焦方式

①干法 □　　②湿法 □

③其他 □

A7. 企业主要原料褐煤

①烟煤 □ ②无烟煤 □

③其他 □（请说明）______________

二、企业现行环保情况

B1. 企业总环保投入__________万元。

B2. 企业年环保设施的运行费用__________万元。

B3. 企业是否有下面环保设施：

a. 地面站除尘系统

①是 □ ②否 □

如有地面站除尘系统，其投资额为__________万元。

b. 装煤出焦除尘设备（可多选）

①静电除尘器 □ ②布袋除尘器 □

③水幕除尘 □ ④旋风除尘 □

⑤湿法文氏管 □ ⑥炉顶消烟除尘技术 □

⑦无 □ ⑧其他 □__________

c. 废水处理系统

①是 □ ②否 □

如有废水处理系统，其投资额为______________万元。

d. 化产系统

①是 □ ②否 □

如有废水处理系统，其投资额为______________万元。

e. 除酸设备（可多选）

①干式 □ ②半干式 □

③湿式 □ ④无 □

f. 环保设施在线监测仪器

①是 □ ②否 □

g. 是否有尾气燃烧器

①是 □ ②否 □

h. 若有尾气燃烧器，尾气燃烧温度＿＿＿＿＿＿℃。

B4. 飞灰的处理方式（可多选）

①直接填埋 □　②固化后填埋 □
③用于建材中 □　④堆放 □
⑤重新加入到燃烧系统中 □

B5. 灰渣的处理方式（可多选）

①直接填埋 □　②固化后填埋 □
③用于建材中 □　④堆放 □
⑤重新加入到燃烧系统中 □

B6. 您对目前环保设施运行的满意程度

①很满意 □　②比较满意 □
③一般 □　④不太满意 □
⑤很不满意 □

B7. 如您对环保设施运行不是很满意,您对环保设施运行不满意是由于下列哪些因素造成(可多选,如满意此题不作答)

①运行费用高 □　②操作复杂 □
③运行稳定性不高 □　④处理效果低 □
⑤管理措施不健全 □　⑥维修频繁 □
⑦其他 □＿＿＿＿＿＿

B8. 在选取技术控制污染物时，请选择下列因素对企业技术选择的重要程度

	很重要	比较重要	一般	不太重要	很不重要
经济成本					
处理效果					
技术成熟度					
易于操作性					
专家推荐					
环保局推荐					

三、新型污染物的认知

C1. 您是否听说过《关于持久性有机污染物的斯德哥尔摩公约》?

①是 □　　②否 □

C2. 您是否听说过二恶英?（若回答“是”，请继续回答；若回答“否”，请从第 C9 题开始回答）

①是 □　　②否 □

C3. 请根据您对二恶英物质的认知，回答下列问题（若您对二恶英物质有所了解，请继续回答；若不了解，请从第 C5 题开始回答）

a. 二恶英物质的危害认识

①很了解 □　②了解一些 □　③不了解 □

b. 二恶英的产生途径

①很了解 □　②了解一些 □　③不了解 □

c. 二恶英的控制技术

①很了解 □　②了解一些 □　③不了解 □

d. 二恶英的排放标准和现行政策

①很了解 □　②了解一些 □　③不了解 □

C4. 上述信息的获取渠道是＿＿＿＿＿＿＿＿＿＿＿＿＿＿＿＿。

C5. 你认为您所在的企业是否存在二恶英的排放?

①是 □　②否 □　③不知道 □

C6. 企业是否采取控制二恶英的措施?

①是 □　②否 □　③不知道 □

C7. 企业是否曾监测过二恶英的排放?

①是 □　②否 □

C8. 如您对二恶英控制措施有所了解，请根据您的认知和经验选择下列因素对控制二恶英的重要程度

	重要	一般	不重要	不知道
进料规范、避免使用受污染废料				
保证完全燃烧				
燃烧温度达到900℃，停留时间多于两秒				
烟气急冷降温				
采用除尘装置				
采用活性炭吸附				
焚烧残余物固化处置				

C9. 环境中的持久性有机物质，如二恶英、六氯代苯、多氯联苯的来源，主要为工业热过程非有意排放污染物，其通过食物网积聚，对人类健康及环境造成不利影响，你是否有兴趣了解其相关知识？

①是 □ ②否 □

C10. 如有兴趣，请选择您感兴趣了解的内容（可多选）

①化学特性 □ ②产生途径 □

③对人体造成的危害 □ ④预防、控制措施 □

⑤周边环境中该类物质的浓度 □

⑥食品中该类物质的含量 □

⑦该类物质的政策、法规及排放标准

⑧该类物质的行业排放清单

⑨其他 □______________

C11. 您本人认为通过下列哪些渠道获取环保信息更有效（可多选）

①大众媒体（报纸、杂志、图书 电视、广播） □

②互联网 □

③周边朋友及家人 □

④行业协会培训 □

⑤本单位的普及教育活动 □

⑥政府部门的宣传教育 □

⑦民间环保组织的宣传 □

参 考 文 献

[1]《中国钢铁工业年鉴》编辑委员会．中国2008钢铁工业年鉴［M］．中国钢铁工业协会，2009.

[2] 包志成，王克欧，康君行，赵立文．六六六热解废渣中2,3,7,8—取代PCDDs和PCDFs的测定［J］．环境化学，1994，13：409～414.

[3] 包志成，王克欧，康君行，赵立文．五氯酚及其钠盐中氯代二恶英类分析［J］．环境化学，1995，14：317～321.

[4] 蔡震霄，黄俊，张清，余刚．日本二恶英减排控制的历程、经验与启示［J］．环境污染与防治，2006，28：837～840.

[5] 曹东，宋存义，王金南，蒋洪强，李万新，曹国志．污染物联合削减费用函数的建立及实证分析［J］．环境科学研究，2009，22：371～376.

[6] 曹海霞．山西省焦化行业污染物排放总量控制研究［J］．科技情报开发与经济，2005，15：161～163.

[7] 柴晓利，赵爱华，赵由才，等．固体废物焚烧技术［M］．北京：化学工业出版社，2006.

[8] 陈梅铭，陈耀东．加速城市垃圾无害化、资源化处理实例——绍兴市垃圾发电工程［J］．电力设备，2003，4：75～79.

[9] 陈彤．城市生活垃圾焚烧过程中二恶英的形成机理及控制技术研究［D］．博士，浙江大学，2006.

[10] 陈文颖．总量控制费用分摊的多目标规划模型及解法［J］．上海环境科学，1997，16：12～14.

[11] 陈振明．公共政策分析［M］．北京：中国人民大学出版社，2003.

[12] 崔民选．中国能源发展报告(2008)［M］．北京：社会科学文献出版社，2008.

[13] 丁文广．环境政策与分析［M］．北京：北京大学出版社，2008.

[14] 杜娜，曹东，杨慧芳．工业企业大气污染治理费用函数的研究［J］．科学技术与工程，2007，7：1116～1118.

[15] 方君实，商全鸿，李琼慧．我国小火电调研分析及建议［J］．中国电力企业管理，2006，9/10：49～50.

[16] 苟娜．电子废弃物拆解地区土壤及底泥中PCDD/Fs研究［D］．硕士，北京大学地球与空间科学学院，2008.

[17] 古交市史志办公室．古交年鉴2007［M］．山西：山西省内部图书准印证［2007］字第245号，2007.

[18] 国家电力监管委员会，国家发展和改革委员会，国家能源局，环境保护部.

2008 年电力企业节能减排情况通报 [R]. 2009.
[19] 国家电力监管委员会 . 2007 年度关停小火电机组情况通报 [R]. 2008.
[20] 国家发展和改革委员会 . 水泥工业发展专项规划 [R]. 2006.
[21] 国家环境保护部 .《2005 ~ 2008 年中国环境状况公报》[R]. 2006 ~ 2009.
[22] 国家履行斯德哥尔摩公约工作协调组办公室 . 中华人民共和国履行《关于持久性有机污染物的斯德哥尔摩公约》国家实施计划 [G]. 北京：中国环境科学出版社，2008.
[23] 国家统计局，国家发展和改革委员会，国家能源局 .《2005 ~ 2008 各省、自治区、直辖市单位 GDP 能耗等指标公报》[R]. 2006 ~ 2009.
[24] 国家统计局 . 中国统计年鉴 [G]. 北京：中国统计出版社，2001 ~ 2008.
[25] 环保部污染防治司，2008. 关于 2007 年度全国重点企业清洁生产审核情况的通报（环函 [2008] 387 号）[EB].
[26] 环保部污染防治司，2009. 关于 2008 年度全国重点企业清洁生产审核情况的通报（环函 [2009] 315 号）[EB].
[27] 黄渝祥，刘俊 . 政策、法规的选择与评价方法——20 世纪 90 年代以来的费用-效益分析 [J]. 当代财经，2005，8：52 ~ 55.
[28] 金宜英，田洪海，聂永丰，等 . 3 个城市生活垃圾焚烧炉飞灰中二恶英类分析 [J]. 环境科学，2003，24：21 ~ 25.
[29] 李国刚，李红莉 . 持久性有机污染物在中国的环境监测现状 [J]. 中国环境监测，2004，20(4)：53 ~ 60.
[30] 李灵军，蒋可 . 国产多氯联苯及其焚烧烟灰中类二恶英多氯联苯测定 [J]. 环境科学，1995，16：55 ~ 58.
[31] 李日东，张宏伟，牛志广 . 区域污染物削减模型的研究 [J]. 安徽农业科学，2007，35：8654 ~ 8655.
[32] 刘飞，刘应汉，王建武，聂海峰，傅珊，赵传冬，杨柯 . 太原市区土壤中多环芳烃污染特征研究 [J]. 地学前缘，2008，15(5)：155 ~ 160.
[33] 刘劲松 . 浙江省典型地区环境中持久性有机污染物现状、分布规律和来源解析 [D]. 博士，浙江大学环境与资源学院，2008.
[34] 陆胜勇 . 垃圾和煤燃烧过程中二恶英的生成、排放和控制机理研究 [D]. 博士，浙江大学，2004.
[35] 骆永明，滕应，李清波，吴龙华，李振高，张庆华 . 长江三角洲地区土壤环境质量与修复研究 I. 典型污染区农田土壤中多氯代二苯并二恶英/呋喃（PCDD/Fs）组成和污染的初步研究 [J]. 土壤学报，2005，42：570 ~ 576.
[36] 骆永明，滕应，李志博，吴宇澄，卜元卿，房丽萍，郑明辉，李振高 . 长江三角洲地区土壤环境质量与修复研究 II. 典型污染区农田生态系统中二恶英/呋喃（PCDD/Fs）的生物积累及其健康风险 [J]. 土壤学报，2006，43：

563～570.
[37] 彭政．垃圾焚烧飞灰二恶英的控制技术研究［D］．博士，浙江大学，2007.
[38] 绍兴市环境保护局．绍兴市2007年环境公报，2008. <http://www.sxepb.gov.cn/hjgb/>[OL].
[39] 绍兴市环境保护局．绍兴市2008年环境公报，2009. <http://www.sxepb.gov.cn/hjgb/>[OL].
[40] 绍兴市人民政府．绍兴市巩固和提高国家环境保护模范城市创建成果技术报告[R].2007.
[41] 石谊双．硫对垃圾焚烧过程中二恶英生成的抑制作用的研究［D］．硕士，浙江大学机械与能源工程学院，2005.
[42] 史烨弘，胡建信，程爱雷，王强，吴靖．台州地区典型功能区土壤中PCDD/Fs污染状况［C］.《持久性有机污染物论坛2009暨第四届持久性有机污染物全国学术研讨会论文集》，2009.
[43] 数字水泥网.2008年新型干法水泥产量比重提高至61.82%，2009. <http://www.dcement.com/Article/200903/72353.html>［OL］.
[44] 宋国君．环境政策分析［M］．北京：化学工业出版社，2008.
[45] 谭大．深圳地区二恶英排放清单估算及环境行为模拟［D］．硕士，北京大学环境科学与工程学院，2008.
[46] 田洪海，欧阳讷．我国垃圾焚烧二恶英类排放源的初步调查［J］．环境化学，2003，22：255～258.
[47] 汪澜．论中国水泥工业CO_2的减排［J］．中国水泥，2006，4：26～29.
[48] 王金南．环境经济学理论·方法·政策［M］．北京：清华大学出版社，1994.
[49] 王应刚，辛晓云，郭翠花．太原市土壤中汞污染及成因研究［J］．生态学杂志，2003，22(5):40～42.
[50] 吴善淦，沈玉祥，何保海，屠国龙，周国军，傅伟根．垃圾焚烧炉袋式除尘器的设计和应注意的问题［J］．中国环保产业，2002，9：34～35.
[51] 吴文忠，徐盈，张甬元．鸭儿湖地区多氯代二苯并二恶英/呋喃（PCDD/F）的污染状况及其来源归宿的初步研究［J］．环境科学学报，1998，18(4):415～419.
[52]徐华清．中国能源环境发展报告[M]．北京：中国环境科学出版社，2006.
[53] 徐旭．燃烧过程中二恶英的生成及排放特性的研究［D］．博士，浙江大学，2002.
[54] 杨永亮，史双昕，潘静，等．南四湖沉积物中二恶英类化合物的分布［J］．环境化学，2004，23：549～555.
[55] 杨志军，倪余文，张青，陈吉平，梁鑫森．上海市和大连市大气气溶胶和土壤样品中的二恶英初探［J］．广州环境科学，2004，19(1):25～27.
[56] 姚薇．利用多介质逸度模型模拟北京市二恶英的环境归趋［D］．硕士，北京大

学环境学院，2006.

[57] 余刚，杨小玲，黄俊．中国二恶英类持久性有机污染物减排控制战略研究［M］. 北京：中国环境科学出版社，2008.

[58] 余莉萍，李会茹，孟祥周，张素坤，任曼，彭平安，盛国英，傅家谟．电子垃圾焚烧排放的二恶英对周围大气环境的影响［J］. 环境污染与防治，2008，30：8～11.

[59] 余莉萍．广州大气中二恶英的浓度分布和几种典型二恶英排放源的初步研究［D］. 博士，中国科学院广州地球化学研究所，2007.

[60] 张四明．成本效益分析在政府决策上的应用与限制［J］. 行政暨政策学报，2001，3：45～80.

[61] 赵群雄．论德尔菲法在工程评标中的应用［J］. 建筑市场与招标投标，2000(1):12～13.

[62] 王树芬，许树柏．层次分析法引论［M］. 北京：中国人民大学出版社，1990.

[63] 浙江省环保局，浙江省“十五”环境科技工作总结和“十一五”环境科技工作计划［R］. 2006.

[64] 郑明辉，包志成，徐晓白．草浆漂白过程中二恶英类生成机理探讨［J］. 环境化学，1999，18：526～531.

[65] 郑明辉，刘鹏岩，包志成，徐晓白．二恶英的生成及降解研究进展［J］. 科学通报，1999，44(5)：455～463.

[66] 中国电力年鉴委员会．2008 中国电力年鉴［M］. 北京：中国电力出版社，2008.

[67] 中国能源年鉴编辑委员会．中国能源年鉴 2005/2006［M］. 北京：科学出版社，2007.

[68] 中国水泥协会．中国水泥年鉴 2007［M］. 南京：江苏人民出版社，2009.

[69] 中国水泥协会．中国水泥年鉴 2008［M］. 北京：中国建筑工业出版社，2008.

[70] 周鸿锦．2006 年水泥工业能耗评述［J］. 中国水泥，2007，10：34～36.

[71] 周生贤．钢铁行业在污染减排中占举足轻重的位置，2007. http://www.gov.cn/wszb/zhibo55/content_599093.htm［OL］.

[72] 周志广，田洪海，李楠，任玥，刘爱民，杜兵，李玲玲．北京市部分地区土壤中二恶英类物质污染水平初探［J］. 环境科学研究，2006，19(6)：54～58.

[73] AAM（Alliance for American Manufacturing）. An assessment of environmental regulation of the Steel Industry in China［R］. Washington，DC，2009.

[74] Abad E，Caixach J，Rivera J. Improvements in dioxin abatement strategies at a municipal waste management plant in Barcelona［J］. Chemosphere，2003，50：1175～1182.

[75] Anderson D R，Fisher R. Sources of dioxins in the United Kingdom：the steel industry

and other sources [J]. Chemosphere, 2002, 46: 371 ~ 381.

[76] Andersson P, Rappe C, Maaskant O, et al. Low temperature catalytic destruction of PCDD/F in flue gas from waste incineration [J]. Organohalogen Comp, 1998, 36: 109 ~ 112.

[77] Arrow K J. Is there a role for cost-benefit analysis in environmental, health and safety regulation? [J]. Science, 1996, 272: 221 ~ 222.

[78] Ashford N A. Understanding technological responses of industrial firms to environmental problems: implication for government policy. In: fischer K, Schot J. (Ed.) Environmental strategies for industry: international perspectives on research needs and policy implications [M]. Island Press, Washington, DC, 1993: 277 ~ 310.

[79] Ba T, Zheng M, Zhang B, Liu W, Su G, Xiao K. Estimation and characterization of PCDD/Fs and dioxin-like PCB emission from secondary zinc and lead metallurgies in China [J]. Journal of Environmental Monitoring, 2009b, 11: 867 ~ 872.

[80] Ba T, Zheng M, Zhang B, Liu W, Xiao K, Zhang L. Estimation and characterization of PCDD/Fs and dioxin-like PCBs from secondary copper and aluminum metallurgies in China [J]. Chemisphere, 2009a, 75: 1173 ~ 1178.

[81] Babushok V I, Tsang W. Gas-phase mechanism for dioxin formation [J]. Chemosphere, 2003, 51: 1023 ~ 1029.

[82] BIPRO, 2006. Identification, assessment and prioritization of EU measures to reduce releases of unintentionally produced/released Persistent Organic Pollutants [R]. Reference: 07. 010401/2005/419391/MAR/D4.

[83] BIPRO, 2009. Information exchange on reduction of dioxin emissions from domestic sources [R]. Reference: 070307/2007/481007/MAR/C4. Report prepared for the European Commission by BIPRO.

[84] Bremmer H J, Troost L M, Kuipers G, de Koning J, Sein A A. Emission of dioxins in the Netherland [R]. Report No. 770501018. National Institute of Public Health and Environmental Protection (RIVM), Bilthoven, The Netherlands, 1994.

[85] Buekens A, Huang H. Comparative evaluation of techniques for controlling the formation and emission of chlorinated dioxins/furans in municipal waste incineration [J]. Journal of Hazardous Materials, 1998, 62: 1 ~ 33.

[86] Busca G, Baldi M, Pistarino C, et al. Evaluation of V_2O_5-WO_3-TiO_2 and alternative SCR catalysts in the abatement of VOCs [J]. Catalysis Today, 1999, 53: 525 ~ 533.

[87] Buser H R, Bosshardt H P, Rappe C. Identification of polychlorinated bibenzo-p-eioxin isomers found in fly ash [J]. Chemosphere, 1978, 7: 65 ~ 172.

[88] Chang M, Chi K, Chang S, Yeh J. Destruction of PCDD/Fs by SCR from flue gases of municipal waste incinerator and metal smelting plant [J]. Chemosphere, 2007,

66(6): 1114 ~ 1122.

[89] Chang Y M, Huang C Y, Chen J H, et al. Minimum feeding rate of activated carbon to control dioxin emissions from a large-scale municipal solid waste incinerator [J]. Journal of Hazardous Materials, 2009, 161: 1436 ~ 1443.

[90] Charles E. Napier Company, Ltd. Draft: Background technical discussion paper on the release and control of dioxins/furans from the steel sector [R]. Prepared for Environment Canada, Minerals and Metals Division, Ottawa, Canada, 2000.

[91] Chen T, Yan J H, Lu S Y, Li X D, Gu Y L, Dai H F, Ni M J, Cen K F. Characteristic of polychlorinated dibenzo-p-dioxins and dibenzofurans in fly ash from incinerations in China [J]. Journal of Hazardous Materials, 2008, 150 (3): 510 ~ 514.

[92] Chi K H, Chang S H, Huang C H, et al. Partitioning and removal of dioxin-like congeners in flue gases treated with activated carbon adsorption [J]. Chemosphere, 2006, 64: 1489 ~ 1498.

[93] China. The People' s Republic of China National Implementation Plan for the Stockholm Convention on Persistent Organic Pollutants [G]. 2007.

[94] Clark D M. Catalytic destruction of dioxins [J]. Developments in Chemical Engineering and Mineral Processing, 2000, 8: 475 ~ 482.

[95] Commission of the European communities, 2004. Communication from the commission to the Council, the European parliament and the European Economic and Social Committee on implementation of the Community Strategy for dioxins, furans and polychlorinated Biphenyls (COM (2001) 593) [R].

[96] Costner P Chlorine. Combustion and Dioxins: Does Reducing Chlorine in Wastes Decrease Dioxin Formation in Waster Incinerators? [R]. Greenpeace, October 2001.

[97] Cudahy J J, Helsel R W. Removal of products of incomplete combustion with carbon [J]. Waste Management, 2000, 20: 339 ~ 345.

[98] Dickson L C, Lenoir D, Hutzinger O. Quantitative Comparison of Denovo and Precursor Formation of Polychlorinated Dibenzo-P-Dioxins under Simulated Municipal Solid-Waste Incinerator Postcombustion Conditions [J]. Environ Sci Technol, 1992, 26: 1822 ~ 1828.

[99] Eadon G, Kaminsky L, Silkworth J, et al. Calculation of 2,3,7,8-TCDD equivalent concentrations of complex environmental contaminant mixtures [J]. Environ Health Perspect, 1986, 70: 221 ~ 227.

[100] Entec UK Limited. Development of UK cost curves for abatement of dioxin emissions to air [R]. A report prepared for Department for Environment, Food and Rural Affairs, UK, 2003.

[101] Esposito M P, Tiernan T O, Dryden F E. Dioxins [S]. EPA-600/2-80-197,

1980.

[102] European Commission. Community Strategy for dioxins, furans and polychlorinated biphenyls [R]. Communication from the Commission to the Council, the European Parliament and the Economic and Social Committee (COM (2001) 593 final). Official Journal of the European Communities, C322/2, 2001.

[103] European Commission. Integrated pollution prevention and control reference document on the best available techniques for waste incineration [R]. 2006.

[104] Feeley T J, O'Palko B A, Jones A P. Developing mercury control technology for coal-fired power plants-from concept to commercial reality [J]. Main Group Chemistry, 2008, 7: 169 ~ 179.

[105] Fernandez-Martinez G, Lopez-Vilarino J, Lopez-Mahia P, Muniategui-Lorenzo S, Prada-Rodriguez D, Ebad E, Rivera J. First assessment of dioxin emissions from coal-fired power stations in Spain [J]. Chemosphere, 2004, 57: 67 ~ 71.

[106] Fiedler H. Formation and sources of PCDD/PCDF [J]. Organohalogen Compounds, 1993, 11: 221 ~ 228.

[107] Fiedler H. Persistent organic pollutants [M]. (Handbook of Environmental Chemistry) Springer-Verlag Berlin Heidelberg New York, 2003.

[108] Fiedler H. Sources of PCDD/PCDF and impact on the environment [J]. Chemosphere, 1996, 32: 55 ~ 64.

[109] Fryxell Gerald E, Lo Carlos W H. The influence of environmental knowledge and values on managerial behaviors on behalf of the environment: an empirical examination of managers in China [J]. Journal of Business Ethics, 2003, 46: 45 ~ 69.

[110] Fuster G, Schuhmacher M, Domingo J L. Cost-Benefit Analysis as a Tool for Decision Making in Environmental Projects-Application to a reduction of dioxin emissions in tarragona province, Spain [J]. Environmental Science and Pollution Research, 2004, 11(5): 307 ~ 312.

[111] Gao H, Ni Y, Zhang H, Zhao L, Zhang N, Zhang X, Zhang Q, Chen J. Stack gas emissions of PCDD/Fs from hospital waste incinerators in China [J]. Chemosphere, 2009, 77: 634 ~ 639.

[112] Gao L R, Zheng M H, Zhang B, Liu W B, Zhao X R, Zhang Q H. Declining polychlorinated dibenzo-p-dioxins and dibenzofurans levels in the sediments from Dongting Lake in China [J]. Chemosphere, 2008, 73: 176 ~ 179.

[113] Goemans M, Clarysse P, Joannes J, Clercq P D, Lenaerts S, Matthys K, Boels K. Catalytic NO_x reduction with simultaneous dioxin and furan oxidation [J]. Chemosphere, 2003, 50: 489 ~ 497.

[114] Gorlach B, Raggamby A V, Newcombe J. Assessing the cost-effectiveness of envi-

ronmental policies in Europe [C]. Paper presented at the EASY-ECO Conference "Impact Assessment for a New Europe and Beyond", University of Manachester, UK, 2005.

[115] Graus W H J, Worrell E. Effects of SO_2 and NO_x control on energy-efficiency power generation [J]. Energy Policy, 2007, 35: 3898 ~ 3908.

[116] Griffin R D A. New theory of dioxin formation in municipal solid waste combustion [J]. Chemosphere, 1986, 15: 1987 ~ 1990.

[117] Grochowalski A, Lassen C, Holtzer M. Determination of PCDDs, PGDFs, PCBs and HCB Emissions from the Metallurgical Sector in Poland [J]. Environmental Science and Pollution Research, 2007, 14(5): 326 ~ 332.

[118] Guo Z C, Fu Z X. Current situation of energy consumption and measures taken for energy saving in the iron and steel industry in China [J]. Energy. Available online, 2009.

[119] Hartenstein H U. Dioxin and Furan Reduction Technologies for Combustion and Industrial Thermal Process Facilities. in: Fiedler, H. (Eds.), The Handbook of Environmental Chemistry Vol. 3, Part 0: Persistent Organic Pollutants [M]. Springer-Verlag, Berlin and Heidelberg, 2003.

[120] Heinzerling L, Ackerman F. Pricing the Priceless: Cost-Benefit Analysis of Environmental Protection [R]. Georgetown University, 2002.

[121] Hiraoka M, Sakai S, Yoshida H. Japan's guidelines for controlling dioxins and dibenzofurans in municipal waste treatment [J]. Chemosphere, 1992, 25: 1393 ~ 1398.

[122] Huang H, Buekens A. On the mechanisms of dioxin formation in combustion processes [J]. Chemosphere, 1995, 31: 4099 ~ 4117.

[123] IARC (International Agency for Research on Cancer). IARC monographs on the evaluation of carcinogenic risks to humans [J]. Volume 69 Polychlorinated Dibenzo-para-dioxins and Polychlorinated Dibenzofurans, 1997.

[124] IEA (International Energy Agency). World energy outlook 2007-China and India insights [R]. Paris, 2007.

[125] Ishizaka K, Tanaka M. Resolving public conflict in site selection process-a risk communication approach [J]. Waste Management, 2003, 23: 385 ~ 396.

[126] Japan, 2009. Information brochure dioxins 2009. http: //www. env. go/jp/en/chemi/dioxins/brochure2009. pdf [OL].

[127] Japan. The national implementation plan of Japan under the Stockholm convention on Persistent Organic Pollutants [R]. Inter-Ministerial General Directors, 2005.

[128] Karstense K H. Formation, release and control of dioxins in cement kilns [J].

Chemosphere, 2008, 70: 543 ~ 560.

[129] Karstensen K H. Cement production in vertical shaft kilns in China-status and opportunities for improvement [R]. Report to the United Nations Industrial Development Organization. UNIDO Contract RB-308-D40-8213110-2005, 2006b.

[130] Karstensen K H. Formation and release of POPs in the cement industry, second editor [R]. Report to World Business Council for Sustainable Development, 2006.

[131] Khachatryan L, Asatryan R, Dellinger B. Development of expanded and core kinetic models for the gas phase formation of dioxins from chlorinated phenols [J]. Chemosphere, 2003, 52: 695 ~ 708.

[132] Kigroe J D. Control of dioxin, furan, and mercury emissions from municipal waste combustors [J]. Journal of Hazardous Materials, 1996, 47: 163 ~ 194.

[133] Kim K H, Chung B J, Lee S H, Seo Y C. Practices in dioxin emission reduction by special regulatory enforcement and utilizing advanced control technologies for incinerators in Korea [J]. Chemosphere, 2008, 73: 1632 ~ 1639.

[134] Kishimoto A, Oka T, Yoshida K, Nakanishi J. Cost effectiveness of reducing dioxin emissions from municipal solid waste incinerators in Japan[J]. Environ. Sci. Technol., 2001, 35 (14): 2861 ~ 2866.

[135] Lahl U. Sintering plants of steel industry the most important thermical PCDD/F source in industrialized regions [J]. Organohalogen Compounds, 1993, 11: 311 ~ 314.

[136] Lau C, Fiedler H, Hutzinger O, et al. Dioxin mass balance for the city of Hamburg, Germany. Part 1: Objective and Emission Inventory [J]. Organohalogen Compd., 1996, 28: 83 ~ 88.

[137] Leung A O W, Luksemburg W J, Wong A S, Wong M H. Spatial distribution of polybrominated diphenyl ethers and polychlorinated dibenzo-p-dioxins and dibenzofurans in soil and combusted residue at Guiyu, an electronic waste recycling site in southeast China [J]. Environ. Sci. Technol., 2007, 41: 2730 ~ 2737.

[138] Levine M, Aden N. Global carbon emissions in the coming decades: The case of China [J]. Annual Review of Environment and Resources, 2008, 33: 19 ~ 38.

[139] Levine M, Zhou N, Price L. The Greening of the Middle Kingdom: The Story of Energy Efficiency in China [J]. The Bridge, 2009, 39(2): 44 ~ 54.

[140] Li H, Feng J, Sheng G, Lu S, Fu J, Peng P A, Man R. The PCDD/F and PBDD/F pollution in the ambient atmosphere of Shanghai, China [J]. Chemosphere, 2008, 70: 576 ~ 583.

[141] Li Y, Jiang G, Wang Y, Cai Z, Zhang Q. Concentrations, profiles and gas-particle partitioning of polychlorinated dibenzo-p-dioxins and dibenzofurans in the ambient

air of Beijing, China [J]. Atmospheric Environment, 2008, 42: 2037 ~ 2047.

[142] Liljelind P, Unsworth J, Maaskant O, et al. Removal of PCDD/Fs and related aromatic hydrocarbons from flue gas streams by adsorption and catalytic destruction [J]. Chemosphere, 2001, 42: 615 ~ 623.

[143] Lin L F, Lee W J, Li H W, Wang M S, Chang-Chien G P. Characterization and inventory of PCDD/F emissions from coal-fired power plants and other sources in Taiwan [J]. Chemosphere, 2007, 68: 1642 ~ 1649.

[144] Lindbauer R L, Wurst F, Prey T. Combustion dioxin suppression in municipal solid waste incineration with sulfur additives[J]. Chemosphere, 1992, 25: 1409 ~ 1414.

[145] Liu G, Zheng M, Ba T, Liu W, Guo L. A preliminary investigation on emission of polychlorinated dibenzo-p-dioxins/dibenzofurans and dioxin-like polychlorinated biphenyls from coke plants in China [J]. Chemosphere, 2009, 75: 692 ~ 695.

[146] Liu G, Zheng M, Liu W, Wang C, Zhang B, Gao L, Su G, Xiao K, Lv P. Atmospheric emission of PCDD/Fs, PCBs, Hexachlorobenzene, and Pentachlorobenzene from the coking industry [J]. Environ. Sci. Technol., 2009b, 43: 9196 ~ 9201.

[147] Liu H, Zhang Q, Wang Y, Cai Z, Jiang G. Occurrence of polychlorinated dibenzo-p-dioxins, dibenzofurans and biphenyls pollution in sediments from the Haihe River and Dagu Drainage River in Tianjin City, China [J]. Chemosphere, 2007, 68: 1772 ~ 1778.

[148] Luksemburg W J, Mitzel R S, Zhou H, et al. Polychlorinated dioxins and dibenzofurans from China [J]. Organohal. Compd., 1996, 28: 262 ~ 266.

[149] McKay G. Dioxin characterisation, formation and minimisation during municipal solid waste (MSW) incineration: Review [J]. Chemical Engineering Journal, 2002, 86: 343 ~ 368.

[150] Ministry of the Environment Government of Japan, 2005. Plan to reduce dioxins levels resulting from business activities modified, http: //www. env. go. jp/en/press/2005/0620a. html [OL].

[151] Ministry of the Environment Government of Japan, 2009a. Dioxins emission inventory for 2008, http: //www. env. go. jp/en/headline/headline. php? serial = 1191 [OL].

[152] Ministry of the Environment Government of Japan, 2009b. Environmental Survey of dioxins in FY 2008, http: //www. env. go. jp/en/headline/headline. php? serial = 1192 [OL].

[153] Ministry of the Environment of Japan, 2005. State of discharge and treatment of municipal solid waste in FY 2003 [R].

[154] NAEI (UKs National Atmospheric Emissions Inventory). UNECE emission estimates to 2006-Dioxins, Department of Environment Food and Rural Affairs [R]. UK, 2008.

[155] NATO/CCMS (Committee on the Challenges of Modern Society of the North Atlantic Treaty Organisation). Scientific basis for the development of the International Toxicity Equivalency Factor (I-TEF) method of risk assessment for complex mixtures of dioxins and related compounds [R]. Report No. 178, 1998.

[156] Ni Y, Zhang H, Fan S, Zhang X, Zhang Q, Chen J. Emissions of PCDD/Fs from municipal solid waste incinerators in China [J]. Chemosphere, 2009, 75(9): 1153~1158.

[157] OECD/IEA (International Energy Agency). Tracking Industrial Energy Efficiency and CO_2 Emissions [R]. Paris, 2007.

[158] Oka T. Cost-effectiveness analyses of chemical risk control policies in Japan [J]. Chemosphere, 2003, 53(4): 413~419.

[159] OSPAR Commission. http://www.ospar.org. 2010 [OL].

[160] Quass U, Fermann M, Bröker G. The European dioxin air emission inventory project-Final results [J]. Chemosphere, 2004, 54(9): 1319~1327.

[161] Quass U, Fermann M, Broker G. The European Dioxin Emission Inventory Stage Ⅱ Volume 3 Assessment of dioxin emissions until 2005 [R]. 2000.

[162] Quass U, Fermann M, Bröker G. The European dioxin emission inventory stage Ⅱ. Volume 3 Assessment of dioxin emissions until 2005 [R]. North Rhine Westphalia State Environment Agency on behalf of the European Commission, Directorate General for Environment, Germany, 2000.

[163] Raghunathan K, Gullett B K. Role of sulfur in reducing PCDD and PCDF formation [J]. Environ. Sci. & Technol., 1996, 30: 1827~1834.

[164] Ren M, Peng P A, Chen D, Chen P, Li X. Patterns and sources of PCDD/Fs and dioxin-like PCBs in surface sediments from the East River, China [J]. Journal of Hazardous Materials, 2009, 170: 473~478.

[165] Riggs K, Brown T, Schrock M. PCDD/PCDF emissions from coal-fired power plants [J]. Organohalogen Compounds, 1995, 24: 51~54.

[166] Schuhmacher M, Domingo J L. Long-term study of environmental levels of dioxins and furans in the vicinity of a municipal solid waste incinerator [J]. Environment International, 2006, 32: 397~404.

[167] Shen C, Chen Y, Huang S, et al. Dioxin-like compounds in agricultural soils near e-waste recycling sites from Taizhou area, China: Chemical and bioanalytical characterization [J]. Environmental International, 2009, 35: 50~55.

[168] Shuab W, Tsang W. Dioxins formation in incinerators [J]. Environ. Sci. Technol., 1983, 17: 721 ~ 730.

[169] Sun Y Z, Zhang B, Gao L R, Liu Z T, Zheng M H. Polychlorinated dibenzo-p-dioxins and dibenzofurans in surface sediments from the estuary area of Yangtze River, People's Republic of China [J]. Bull. Environ. Contam. Toxicol., 2005, 75: 910 ~ 914.

[170] Tejima H, Nakagawa I, Shinoda T, et al. PCDD/Fs reduction by good combustion technology and fabric filter with/without activated carbon injection [J]. Chemosphere, 1996, 32: 169 ~ 175.

[171] Tuppurainen K, Asikainen A, Ruokojarvi P, Ruuskanen J. Perspectives on the formation of polychlorinated dibenzo-p-dioxins and dibenzofurans during municipal solid waste (MSW) incineration and other combustion processes [J]. Accounts Chem Res, 2003, 36: 652 ~ 658.

[172] Tuppurainen K, Halonen I, Ruokojarvi P, Tarhanen J, Ruuskanen J. Formation of PCDDs and PCDFs in municipal waste incineration and its inhibition mechanisms: A review [J]. Chemosphere, 1998, 36: 1493 ~ 1511.

[173] UK DEFRA (UK Department for Environment Food and Rural Affairs). National atmospheric emission inventory, 2009, <http: //www. naei. org. uk/ > [OL].

[174] UK. Department for Environment Food and Rural Affairs, National Implementation Plan for the Stockholm Convention on Persistent Organic Pollutants [R]. 2007.

[175] UNEP Chemicals. Dioxin and furan inventories—National and regional emissions of PCDD/PCDF [R]. 1999.

[176] UNEP Chemicals. Guidelines on best available techniques and provisional guidance on best environmental practices relevant to Article 5 and Annex C of the Stockholm Convention on Persistent Organic Pollutants [R]. 2006.

[177] UNEP. Dioxin and furan inventories-national and regional emissions of PCDD/PCDF [R]. UNEP Chemicals Geneva, Switzerland, 1999.

[178] UNEP. Standardized Toolkit for Identification and Quantification of Dioxin and Furan Releases, second ed. [R]. UNEP Chemicals, Geneva, Switzerland, 2005.

[179] USEPA (United States Environmental Protection Agency). An inventory of sources and environmental releases of Dioxin-Like compounds in the United States for the years 1987, 1995, and 2000, 2006 [R]. EPA/600/P-03/002F. Washington, DC: National Center for Environmental Assessment Office of Research and Development, 2006.

[180] USEPA. An Inventory of Sources and Environmental Release of Dioxin-Like Compounds in the United States for the Year 1987, 1995, and 2000 [R]. 2006. EPA/

600/P-03/002F.

[181] USEPA. Environment Canada. Great lakes binational toxics strategy management assessment for dioxins [R]. 2005.

[182] USEPA. Exposure and Human Health Reassessment of 2, 3, 7, 8-Tetrachlorodibenzo-p-Dioxin (TCDD) and Related Compounds National Academy Sciences (NAS) Review Draft [R]. 1994.

[183] Wang L C, Lee W J, Tsai P J, Lee W J, Chang-Chien G P. Emissions of polychlorinated dibenzo-p-dioxins and dibenzofurans from stack flue gases of sinter plants [J]. Chemosphere, 2003, 50: 1123~1129.

[184] Weber R, Iino F, Imagawa T, Takeuchi M, Sakurai T, Sadakata M. Formation of PCDF, PCDD, PCB, and PCN in de novo synthesis from PAH: Mechanistic aspects and correlation to fluidized bed incinerators [J]. Chemosphere, 2001, 44: 1429~1438.

[185] WHO. Project for the re-evaluation of human and mammalian toxic equivalency factors (TEFs) of dioxins and dioxin-like compounds [R]. 2005.

[186] WHO-ECEH(WHO European Centre for Environment and Health), IPCS(International Programme on Chemical Safety). Assessment of the health risk of dioxins: re-evaluation of the Tolerable Daily Intake(TDI)[R]. Geneva, Switzerland, 1998.

[187] Wong M H, Wu S C, Deng W J, et al. Export of toxic chemicals-A review of the case of uncontrolled electronic-waste recycling [J]. Environmental Pollution, 2007, 149: 131~140.

[188] World Steel Association. World Steel in Figures 2008 2nd Edition, 2008,. <http://www.worldsteel.org/index.php? action=publicationdetail&id=75>[OL].

[189] Worrell E, Price L, Martin N, Hendriks C, Meida L O. Carbon Dioxide Emission from the Global Cement Industry [J]. Annual Review of Energy and Environment, 2001, 26: 303~329.

[190] Wright J C, Millichamp P, Buckland S J. The cost-effectiveness of reductions in dioxin emissions to air from selected sources [R]. A report prepared for the ministry of the Environment in New Zealand, 2001.

[191] Xu M X, Yan J H, Lu S Y, et al. Agricultural soil monitoring of PCDD/Fs in the vicinity of a municipal solid waste incinerator in Eastern China: Temporal variations and possible sources [J]. J. Hazard. Mater, 2009, 166: 628~634.

[192]. Xu M X, Yan J H, Lu S Y, Li X D, Chen T, Ni M J, Dai H F, Wang F, Cen K F. Concentrations, profiles and sources of atmospheric PCDD/Fs near a municipal solid waste incinerator in Eastern China [J]. Environ. Sci. Techno, 2009b., 43: 1023~1029.

[193] Xu S S, Liu W X, Tao S. Emission of polycyclic aromatic hydrocarbons in China [J]. Environmental Science & Technology, 2006, 40, 702 ~ 708.

[194] Yan J H, Chen T, Li X D, Zhang J, Lu S Y, Ni M J, Cen K F. Evaluation of PCDD/Fs emission from fluidized bed incinerators co-firing MSW with coal in China [J]. Journal of Hazardous Materials, 2006, 135: 47 ~ 51.

[195] Yan J H, Peng Z, Lu S Y, et al. Removal of PCDDs/Fs from municipal solid waste incineration by entrained-flow adsorption technology [J]. Journal of Zhejiang University SCIENCE A, 2006, 7: 1896 ~ 1903.

[196] Yan J H, Peng Z, Lu S Y, Li X D, Ni M J, Cen K F, Dai H F. Degradation of PCDD/Fs by mechanochemical treatment of fly ash from medical waste incineration [J]. Journal of Hazardous Materials, 2007, 147: 652 ~ 657.

[197] Yan J H, Xu M X, Lu S Y, Li X D, Chen T, Ni M J, Dai H F, Cen K F. PCDD/F concentrations of agricultural soil in the vicinity of fluidized bed incinerators of co-firing MSW with coal in Hangzhou, China [J]. Journal of Hazardous Materials, 2008, 151: 522 ~ 530.

[198] Yoshida H, Takahashi K, Takeda N, Sakai S. Japan's waste management policies for dioxins and polychlorinated biphenyls [J]. Journal of Material Cycles and Waste Management, 2009, 11: 229 ~ 243.

[199] Zhang H, Ni Y, Chen J, et al. Polychlorinated dibenzo-p-dioxins and dibenzofurans in soils and sediments from Daliao River Basin, China [J]. Chemosphere, 2008, 73: 1640 ~ 1648.

[200] Zhang H, Zhao X, Ni Y, et al. PCDD/Fs and PCB in sediments of the Liaohe River, China: Levels, distribution, and possible sources [J]. Chemosphere, 2010, 79: 754 ~ 762.

[201] Zhang J, Ni Y W, Zhang H J, Zhang X P, Zhang Q, Chen J P. Patterns of PCDD/Fs, PCBs and PCNs homologues in fly ash from cement kilns [J]. Chinese Journal of Environmental Science, 2009, 30: 568 ~ 573.

[202] Zhang Q, Jiang G. Polychlorinated dibenzo-p-dioxins/furans and polychlorinated biphenyls in sediments and aquatic organisms from the Taihu Lake, China [J]. Chemosphere, 2005, 61: 314 ~ 322.

[203] Zhang S, Peng P, Huang W, Li X, Zhang G. PCDD/PCDF pollution in soils and sediments from the Pearl River Delta of China [J]. Chemosphere, 2009, 75, 1186 ~ 1195.

[204] Zhang Y, Tao S, Cao J, Coveney R M. Emission of polycyclic aromatic hydrocarbons in China by county [J]. Environmental Science & Technology, 2007, 41 (3): 683 ~ 687.

［205］ Zhao Y，Wang S，Duan L，Lei Y，Cao P，Hao J. Primary air pollutant emissions of coal-fired power plants in China：Current status and future prediction ［J］. Atmospheric Environment，2008，42(36)：8442～8452.

［206］ Zheng M，Bao Z，Wang K，Xu X. Levels of PCDD and PCDFs in the bleached pulp from Chinese pulp and paper industry ［J］. Bull. Environ. Contam. Toxicol. 1997，59：90～93.

［207］ Zheng M H，Bao Z C，Yang W H，Xu X B. Polychlorinated dibenzo-p-dioxins and dibenzofurans in lake sediments from Chinese schistosomiasis Areas ［J］. Bull. Environ. Contam. Toxicol.，1997，59：653～656.

［208］ Zheng M Z，Chu S G，Sheng G Y，Min Y S，Bao Z C，Xu X B. Polychlorinated Dibenzo-p-Dioxins and Dibenzofurans in Surface Sediments from Pearl River Delta in China. Bull ［J］. Environ. Contam. Toxicol，2001，66：504～507.

［209］ Zhu J，Hirai Y，Yu G，Sakai S I. Levels of polychlorinated dibenzo-p-dioxins and dibenzofurans in China and chemometric analysis of potential emission sources ［J］. Chemosphere，2008，70：703～711.

［210］ Zhu Y P. Sectoral Study on the Iron and Steel Industry ［R］. Chatham House. London，2008.

致 谢

该专著的主要内容来自于我的博士毕业论文。博士期间所取得的成绩最要感谢的是导师吕永龙研究员。在研究中，吕老师充分尊重学生的研究兴趣，倡导独立的思维方式，强调一种探索的科学精神和认真的工作态度，在自主、宽松的科研环境中，培养了我们的科研能力。平日导师严谨的治学作风、开阔的研究思路、真诚坦率的待人品质都使我受益匪浅，大德无为，行不言之教，感恩之心难言表，谨致上最诚挚的敬意和谢忱。

感谢太原理工大学经济管理学院各位领导、老师的支持。特别是李刚、张晶、张荣霞老师在我读博期间帮我处理了很多工作任务，使我能安心在北京完成学业。

深深感谢我的家人给予我的爱。爸爸、妈妈、妹妹的支持、宽慰和鼓励一直是我最大的动力。感谢我的爱人，在我进步时，第一个和我分享，失意时，总是千方百计地给我鼓劲，让我紧张的心情轻松不少，你的包容与体谅让我觉得工作的愉快、生活的甜美与幸福！